油务化验
培训实用教程

主　编　张　晶

副主编　高　建　张荣嵘

参　编　王　杰　岳小斌　王　兰

　　　　段　娇　高松涛

U0387428

中国电力出版社
CHINA ELECTRIC POWER PRESS

内 容 提 要

本书分为绝缘油质量分析、充油电气设备故障检测、SF_6气体质量分析、SF_6电气设备故障检测、绝缘在线监测技术、油务化验工作中的危化品管理六章,通过阐述绝缘介质种类、绝缘介质性能测试方法与设备故障诊断技术,绝缘介质性能测试方法,以及设备故障诊断技术,系统地解读了绝缘油及SF_6气体绝缘监督标准,阐述了充油电气设备故障检测、SF_6电气设备故障检测的关键技术要领,强化技能操作过程中的关键步骤以及标准化、安全管理等要求。

本书在内容的推进上,按照理论是基础、技能为核心、案例助提升、题库促效果的思路,旨在为一线员工提供一本系统、全面、实用的培训教程。本书可作为供电企业油务化验专业技术人员的培训教材,也可供相关专业技术与管理人员参考使用。

图书在版编目(CIP)数据

油务化验培训实用教程/张晶主编 .—北京:中国电力出版社,2019. 2
ISBN 978-7-5198-2657-4

Ⅰ. ①油… Ⅱ. ①张… Ⅲ. ①油质化验-技术培训-教材 Ⅳ. ①TE622

中国版本图书馆 CIP 数据核字(2018)第 269560 号

出版发行:中国电力出版社
地　　址:北京市东城区北京站西街 19 号(邮政编码 100005)
网　　址:http://www.cepp.sgcc.com.cn
责任编辑:王杏芸(010-63412394)
责任校对:朱丽芳
装帧设计:赵姗姗
责任印制:杨晓东

印　　刷:北京天宇星印刷厂
版　　次:2019 年 2 月第一版
印　　次:2019 年 2 月北京第一次印刷
开　　本:787 毫米×1092 毫米　16 开本
印　　张:9.5
字　　数:207 千字
定　　价:36.00 元

前　言

　　电力系统中所使用的绝缘介质种类较多，如绝缘油、绝缘气体、电容器油、电缆油等。目前，绝缘油和 SF_6 气体是电气设备中最主要绝缘介质。通过油务化验监督工作及时发现电气设备内部绝缘介质性能下降导致设备出现的潜伏性故障，确保设备始终处于健康运行状态。随着国家电网公司"人才强企"战略的强力推进，"三集五大"为核心的新型现代电网企业运营管理体系基本建立，对培养高素质的技能人才队伍提出了更高的要求。油务化验培训不仅可以提升一线专业人员的技能，同时也为专业技能人员利用数据分析设备故障，向更高的发展方向提出要求。一线员工的技能提升，更要实现利用数据分析设备故障，以及相关的安全管理、环境保护等新要求。

　　本书通过阐述绝缘介质种类、绝缘介质性能测试方法与设备故障诊断技术，绝缘介质性能测试方法以及设备故障诊断技术，系统地解读绝缘油及 SF_6 气体绝缘监督标准，阐述充油电气设备故障检测、SF_6 电气设备故障检测关键技术要领，强化技能操作过程中的关键步骤及标准化、安全管理等要求，以大量一线生产案例为载体，以解决实际问题为导向，同时，总结油务化验工作中的危化品管理及安全管理经验，以强化一线员工的安全防护意识，提升安全管理水平。

　　油务化验监督，从早期的绝缘介质质量监督，发展到通过特征指标掌控电力设备状态，从停电试验到带电检测，每一个阶段性技术突破，都是电网设备质量监督的大飞跃。

　　本书突出以岗位关键技能为核心的编写原则，在内容的推进上，按照理论是基础、技能为核心、案例助提升、题库促效果的思路，旨在为一线员工提供一本系统、全面、实用的培训教程。

目　录

第一章

绝缘油质量分析

电力系统中使用的绝缘介质种类繁多，如绝缘油、SF₆绝缘气体等，其中，绝缘油的使用量最大，绝缘油（insulating oil）是指具有良好的介电性能，适用于电气设备的油品，主要用于油浸绝缘的高电压设备中，如变压器、电抗器、互感器、套管、断路器、电缆及电容器等。

绝缘油是一种特定馏分的石油产品。

根据使用的用途来分，绝缘油可以分为变压器油、断路器油、电缆油和电容器油，而且不同用途的绝缘油对其要求也略有不同。在变压器、电抗器、互感器、套管等充油电气设备中起绝缘、冷却作用的绝缘油被称为变压器油（transformer oil）。用于油浸断路器中，起绝缘和灭弧作用的绝缘油称为断路器油（circuit breaker oil）。在电力电缆中，起绝缘、浸渍和冷却作用的精制矿物油或矿物油与其他增稠剂的混合物被称为电缆油（cable oil）。用于电容器中，起绝缘、浸渍和冷却作用的绝缘油被称为电容器油（capacitor oil）。概括来说，绝缘油有下述三大功能：

（1）绝缘作用。绝缘油的介电常数较空气的大，可将不同电位（电动势）的带电部位隔离开，防止外界空气和湿气侵入，保证绝缘可靠。

（2）冷却作用。对变压器等电气设备，在运行过程中，线圈有电流通过，因此会产生热量，绝缘油可吸收部分热量，经过散热器冷却后，再回到变压器本体，通过绝缘油的循环使热量散发出来，从而保持变压器温度在安全运行范围内。

（3）灭弧作用。油断路器在开断电力负荷时，其定触头和动触头之间会产生电弧，此时电弧温度很高，绝缘油可将弧柱的热量带走，使触头冷却，从而达到了灭弧的作用。

为了让绝缘油能够更好地发挥以上的三种功能，通常对绝缘油的性质有如下几个要求：

（1）良好的抗氧化安定性。绝缘油易受运行温度、空气和电场作用的影响，因此，要求绝缘油具有良好的氧化安定性和热稳定性。

（2）良好的电气性能。通常使用介质损耗因数、绝缘强度（或称击穿电压）、体积电阻率和析气性等指标来评定绝缘油的电气性能。电气性能指标不合格的绝缘油不能使用。

（3）高温安全性能。常用闪点来衡量绝缘油的高温安全性能，闪点越低则意味着油的挥发性越大，油的安全性能越差。因此，在使用过程中对绝缘油的闪点有严格的规定。

（4）抗燃性能。表征抗燃性能的指标是燃点，燃点越低则防火性越差。

（5）低温性能。绝缘油的作用之一是冷却散热，凝点可以表示出绝缘油的低温性能，凝点越低，流动性越好的绝缘油越有利于变压器散热。

绝缘性能的维护很大程度决定了充油电气设备运行的经济性能和可靠性。正常运行及注意维护监督管理的充油设备，其绝缘性能具有良好的保持性，可以加强充油电气设备的使用寿命。而充油电气设备所充入的绝缘油运行的可靠性，很大程度地依赖于绝缘油的某些基本特性。为了检测绝缘油的性能，从生产到使用过程中，需要对油品开展各项不同类型的试验。因此，正确、有效地开展各项试验，保证试验数据的准确性，是油务化验人员的必须掌握的基础技能。

绝缘油性能按检测方法分为以下几种：

（1）物理性能。如外观、密度、黏度、闪点、倾点、界面张力、苯胺点、颗粒度、多环芳香烃（PCA）含量、多氯联苯（PCB）含量等。

（2）化学性能。如氧化安定性、酸值、硫含量、腐蚀性硫、气体含量、油泥析出、含水量等。

（3）电气性能。如击穿电压、冲击击穿电压、介质损耗因数、电阻率、析气性、带电度（或称带点倾向 ECT）等。

⚡ 第一节　绝缘油监督标准

在运输、使用过程中，绝缘油在氧气、湿气、高温、阳光、电、热、机械等多种因素的共同作用下，绝缘油的基本特性可能被破坏。因此，对充油电气设备的绝缘油进行监督与维护是提高充油设备的运行可靠性和提高充油电气设备使用寿命的关键。

（1）油的储存和运输。油品在生产、储存、运输、使用等各个环节应注意严防污染和进水。具体需注意以下几个要求：

1）油品的贮存和运输使用的容器（油桶、罐车、储罐等）包括输送管道材质与油品两者的兼容性必须符合要求。

2）贮存运输清洁油的容器与专用管道应严格与其他油品的容器区分开，做好清楚的标记，防止混油导致油品不合格。

3）油品所用容器或管道使用前，应仔细检查严密性、清洁性、干燥性，并使用清洁的油进行清洗，使用期间，应有防潮措施或密封以避免接触潮湿空气，防止储存期间水分的侵入，在不使用时，应采取合适的措施保持清洁、无水分。

4）油品包装容器，应标明生产商名称、油品名称（包括抗氧化剂含量标识、凝点）、油重、出厂校验证书及相应的试验报告、添加剂的类型和含量等信息。

（2）新油的验收和保管。新油验收时应仔细核对油品名称、油基类型、牌号、批号、数量等信息，同时应对接收的全部油品进行监督，以防止出现差错或带入污物。新油的验收工作十分重要，应在经验丰富的人员参与和指导下严格按照技术规范和方法要求验收。新油在注入电气设备前、新油注入进行热油循环后，以及新设备通电投运前，均应对新油进行相应的校验，任何一个环节校验结果不合格，均不可继续下一个步骤。

（3）运行油的质量监督和维护。必须明确的一点是，运行油质量的好坏直接影响着电气设备和系统的运行安全，因此，对运行中的绝缘油质量监督与维护应给予足够的重视，并按照规定进行油质检验监督。当油品检测出现指标超标或组分异常情况时，应及时查找原因，采取措施以保证电气设备的安全稳定运行。同时，为了延长运行中油的使用寿命，应根据充油设备的种类、容量和运行方式等因素采取一定的防劣措施。为达到良好的防劣效果，应将几种防劣措施配合使用，并切实做好监督与维护工作。当充油设备处于运行状态时，为避免引起油质劣化，应尽量避免超负荷、超高温运行，同时，应定期采取措施对油中的气体、水分、油泥和杂质等进行清除。在充油设备检修期间，做好充油、补油和设备内部的清理工作。

（4）不合格运行油的更换、收集和处理。运行油会因为油品的分解而劣化，或者被运行设备中的材料污染，若油质状况经处理后还能满足运行油质量要求的，则应对油品进行处理继续使用，若油质状况差，从技术角度无法再生或从经济角度已无再利用的必要，则应予以更换。进行油品更换时，要防止加入过量或抛洒造成油品污染，更换产生的废油必须进行回收，并将废油储存在固定存放点，存放点应设置醒目的危险废物标志标识，存放容器必须设置规范的废油容器标识。废油应交由有经营许可证的具备相关资质的专业公司统一进行处理。

为了更好地做好绝缘油性能的监督与维护，从生产到使用过程中，会经历出厂阶段、交接验收阶段、运行使用阶段的油务化验，每个阶段开展的试验项目有所不同，但试验过程是一致的，只是不同设备、不同阶段在试验结果分析过程中，选用不同的对比注意值或不同的标准进行判断。

一、新油

新油交接验收试验是油品进入电气设备使用最重要的一环，油品性能好坏关系到设备能否持续长期健康运行，因此，油化试验的正确性是把控新油质量的必要手段。新油质量的相关标准见表 1-1。

表 1-1　　　　　　　　　　　新油质量标准

序号	项　目	质量指标					备注
1	最低冷态投运温度（℃）	0	-10	-20	-30	-40	
	倾点（℃）	-10	-20	-30	-40	-50	
2	外观	透明、无沉淀物和悬浮物					
3	运动粘度（40℃）（mm²/s）	≤12					
4	闭口闪点（℃）	≥135					
5	水溶性酸碱	无					
6	酸值（mgKOH/g）	≤0.01					
7	击穿电压（间距2.5mm）（kV）	未处理≥30 经处理≥70					

续表

序号	项 目		质量指标					备注
	最低冷态投运温度（℃）		0	−10	−20	−30	−40	
8	水分（mg/L）	湿度≤50%	≤30（散装）					
			≤40（桶装、集装容器）					
		湿度>50%	≤35（散装）					
			≤45（桶装、集装容器）					
9	介质损耗因数（90℃）（%）		≤0.5					
10	油中溶解气体分析（μL/L）		报告					
11	密度（20℃）（kg/m³）		≤895					
12	界面张力（mN/m）		≥40					
13	抗氧化剂含量（质量分数）（%） 不含抗氧化剂油（U） 含微抗氧化剂油（T） 含抗氧化剂油（I）		检测不出 0.08 0.08~0.40					
14	油中颗粒度，100mL 油中 大于 5μm 的颗粒数（个）		报告					
其他								

在实际工作中，生产厂家可能使用油桶将新油装载运输至使用现场，在某些大型现场，绝缘油需求量大，导致油桶量相对较多，甚至高达几百桶。因此，对油桶中新油的质量检查，按照表 1-2 要求进行抽样试样。

表 1-2   油 桶 抽 检 数 量

每批油的桶数	取样桶数	每批油的桶数	取样桶数
1	1	51~100	7
2~5	2	101~200	10
6~20	3	201~400	15
21~50	4	401 及以上	20

变压器、电抗器在运输过程中，内部存在少部分残油，这部分残油也是设备投运后保障设备正常运行的绝缘介质，对该部分油品在质量把控也是必要的，具体质量标准见表 1-3。

表 1-3   设备残油（变压器、电抗器）

序号	项目	设备电压等级（kV）	质量指标	备注
1	水分（mg/L）	330~500 220 ≤110 及以下	≤10 ≤15 ≤20	
2	介质损耗因数（90℃）（%）	500 ≤330	≤0.5 ≤1.0	
		≤500	≤0.7	

续表

序号	项目	设备电压等级（kV）	质量指标	备注
3	击穿电压（平板）（kV）	500 66～220 ≤35	≥60 ≥40 ≥35	
4	油中溶解气体分析 （μL/L）		总烃<20 H_2<30 C_2H_2=0	
5	外状		透明、无杂质或悬浮物	
其他				

新油在注入设备前需要经过真空过滤，此过程中可能存在过滤设备油路管道密封不严导致空气中水分进入油品等问题，因此，在油品注入设备前仍需对新油进行再次质量检查，具体质量标准见表1-4。

表1-4 　　　　　　　　　　　　　新油过滤后注入前

序号	项目	质量指标			备注
		设备电压等级（kV）			
		500	220	≤110	
1	击穿电压（间距2.5mm）（kV）	≥60	≥55	≥45	
2	水分（mg/L）	≤10	≤15	≤20	
3	介质损耗因数（90℃）（%）	≤0.2	≤0.5	≤0.5	
4	油中溶解气体分析（μL/L）	报告			
5	油中颗粒度，100mL油中大于5μm的颗粒数（个）	报告（≥500kV设备）			
其他					

二、油浸式互感器

油浸式互感器是电网运行的重要组成部分，该类设备为少油设备，出厂时充满绝缘油，在现场取样后如果内部油位过低，需要对设备进行绝缘油的补充至正常油位。油浸式互感器油品投运前质量标准见表1-5。

表1-5 　　　　　　　　　　　　　油浸式互感器投运前

序号	项目	设备电压等级（kV）	质量指标	备注
1	水分（mg/L）	330～500 220 ≤110及以下	≤10 ≤15 ≤20	
2	介质损耗因数（90℃）（%）	500 ≤330 ≤500	≤0.5 ≤1.0 ≤0.7	

续表

序号	项目	设备电压等级（kV）	质量指标	备注
3	击穿电压（kV）	500 66~220 ≤35	≥60 ≥40 ≥35	
4	外状		透明、无杂质或悬浮物	
其他				

油浸式互感器中的绝缘油在运行中，可能因内部固体绝缘材料释放出水分，或设备原因出现过热、放电等故障，导致绝缘油质量发生变化，因此，为检查油品质量变化情况，试验人员需对设备进行带电取样进行色谱分析试验，具体标准见表1-6。

表1-6　　　　　　　　　　　油浸式互感器运行中油质量标准

设备（kV）		周期	氢气（μL/L）	乙炔（μL/L）	总烃（μL/L）	标准
电流互感器	≥220	≥66kV 1~3年一次	150	1	100	GB 7252—2001
	≤110		150	2	100	
电压互感器	≥220		150	2	100	
	≤110		150	3	100	
电流互感器	≥330	≥66kV 1~3年一次	150	1	100	DL/T 722—2014
	≤220		300	2	100	
电压互感器	≥330		150	2	100	
	≤220		150	3	100	
电流互感器	110、66	正立式≤3年 倒置式≤6年	150	2	100	Q/GDW 1168—2013
	≥220			1		
电磁式电压互感器	≥110（66）	3年	150	2	100	
备注						

三、电力套管

电力套管是主变压器、电抗器的主要绝缘装置，一次、二次绕组的引出线必须经过电力套管，因此，它的绝缘性能是保障主变压器、电抗器安全运行的重要因素。电力套管的油品质量标准见表1-7。

表1-7　　　　　　　　　　　电力套管投运前质量标准

序号	项目	设备电压等级（kV）	质量指标	备注
1	水分（mg/L）	330~500	≤10	
		220	≤15	
		≤110及以下	≤20	
2	介质损耗因数（90℃）（%）	≤500	≤0.7	

序号	项目	设备电压等级（kV）	质量指标	备注
3	击穿电压（kV）	500	≥60	
		66~220	≥40	

电力套管中的绝缘油在运行中，可能因内部固体绝缘材料释放出水分，或设备原因出现过热、放电等故障，导致绝缘油质量变化，因此，为检查油品质量变化情况，试验人员对设备进行停电取样进行色谱分析试验，具体标准见表1-8。

表1-8 电力套管运行中质量标准

电压等级（kV）	氢气	乙炔	总烃	标准
≥330	500	1	150	DL/T 722—2014
≤220	500	2	150	
电压等级（kV）	甲烷	乙炔	氢气	标准
≥330	100	1	500	GB 7252—2001
≤220	100	2	500	
电压等级（kV）	甲烷	乙炔	氢气	标准
≥220	≤40	1	≤140	Q/GDW 1168—2013
≤110	≤40	2	≤140	

组分含量							标准
甲烷	乙炔	氢气	乙烯	乙烷	一氧化碳	二氧化碳	GB 24624—2009
40	2	140	30	70	1000	3400	

四、有载开关

有载开关是通过变压器的一次绕组或二次绕组的加匝或减匝实现变压器电压比的变化。在调压过程中会有电弧产生，因此，绝缘油冷却、绝缘、灭弧性能显得尤为重要。有载开关投运前质量标准见表1-9。

表1-9 有载开关投运前质量标准

序号	项目	设备电压等级（kV）	质量指标	备注
1	水分（mg/L）	330~500	≤10	
		220	≤15	
		≤110及以下	≤20	
2	介质损耗因数（90℃）（%）	≤500	≤0.7	
3	击穿电压（kV）	500	≥60	
		66~220	≥40	
		≤35	≥35	
4	外状		透明、无杂质或悬浮物	
其他				

有载开关在运行中挡位调整会产生电弧，内部油品由于长期灭弧产生分解导致绝缘性能逐渐下降，为保证有载开关继续正常运转，需对有载开关室内的油品进行微水和击穿电压试验，具体质量标准见表1-10。

表1-10　　　　　　　　　　　　有载开关投运行中质量标准

项目	质量指标		备　　注
	1类开关	2类开关	
击穿电压（kV）	≥30	≥40	允许分接变换操作
	<30	<40	停止自动电压控制器的使用
	<25	<30	停止分接变换操作并及时处理
含水量（μL/L）	≤40	≤30	若大于应及时处理
其他	油品击穿电压：要求油耐受电压≥30kV，周期一年；不满足要求时需要进行过滤处理，或者换新油		

五、变压器、电抗器

变压器、电抗器是电网中最重要的变电设备，用作升降电压、匹配阻抗、安全隔离等。对变压器、电抗器内部油品质量的把控，是保障电网安全运行的重要手段。变压器、电抗器投运前油品质量标准见表1-11。

表1-11　　　　　　　　　　变压器、电抗器投运前油品质量标准

序号	项目	设备电压等级（kV）	质量指标	备注
1	外状		透明、无杂质或悬浮物	
2	水溶性酸（pH值）		>5.4	
3	酸值，mgKOH/g		≤0.03	
4	闪点（闭口）（℃）		≥135	
5	水分（mg/L）	330~500	≤10	
		220	≤15	
		≤110 及以下	≤20	
6	界面张力（mN/m）		≥35	
7	介质损耗因数（90℃）（%）	≤500	≤0.7	
8	击穿电压（kV）	500	≥60	
		66~220	≥40	
		≤35	≥35	
9	体积电阻率（90℃）（Ω·m）		≥6×1010	
10	油中含气量（%）（体积分数）	330~500（电抗器）	<1	
		330~500	≤1	
11	油中颗粒度（个）	≥500 交流	100mL 油中大于 5μm 的颗粒数≤2000	
		≥500 直流	100mL 油中大于 5μm 的颗粒数≤1000	
其他				

变压器、电抗器在运行过程中，内部固体绝缘材料有可能释放出水分，或设备内部出现过热、放电等故障，这就会导致内部油品质量发生变化。检测变压器、电抗器运行中油品质量，可以监督设备潜伏性故障及故障发展情况。变压器、电抗器运行中油品质量标准见表1-12。

表 1-12　　　　　　　　　变压器、电抗器运行中油品质量标准

周期	项目	标准		备注
500kV：1 年 220kV 及以下：3 年	外观	透明，无杂质和悬浮物		
	击穿电压	≥60kV，750kV ≥50kV，500kV ≥40kV，220kV ≥35kV，110（66）kV ≥30kV，35kV		
	水分	≤15mg/L，500kV ≤25mg/L，220kV ≤35mg/L，110kV（66）kV		
	介质损耗	≤0.02，（≥500kV） ≤0.04，220kV 及以下		
	酸值	≤0.1mg（KOH）/g		
	含气量	变压器	≤3%，500kV ≤2%，750kV	
		电抗器	≤5%，≥500kV	
其他				

第二节　物理特性试验

一、油中水分库仑法

绝缘油中的微量水分是油氧化作用的主要催化剂，它会加速绝缘油老化，使油品绝缘性能劣化、受潮；水分在运行过程中进入设备内部的固体绝缘材料，降低其绝缘性能，使得设备的总体绝缘性能降低，导致设备内部出现过热甚至电弧故障，降低设备的运行可靠性和运行寿命。因此，绝缘油中水分含量是绝缘油质量的主要控制指标之一。

（一）检测方法

GB/T 7600—2014《运行中变压器油水分含量测定法（库仑法）》中规定：水分存在时，碘被二氧化硫还原，在吡啶和甲醇的作用下，生成氢碘酸吡啶和甲基硫酸氢吡啶。反应式如下：

$$H_2O+I_2+SO_2+3C_5H_5N \rightarrow 2C_5H_5N \cdot HI+C_5H_5N \cdot SO_3$$
$$C_5H_5N \cdot SO_3+CH_3OH \rightarrow C_5H_5N \cdot HSO_4CH_3$$

电解过程中，电极反应为：

阳极：
$$2I^- - 2e \rightarrow I_2$$

9

阴极：　　　　　　　　　　　　　$I_2+2e\rightarrow 2I^-$

　　　　　　　　　　　　　　　　$2H^++2e\rightarrow H_2\uparrow$

产生的碘又与试油中的水分反应生成氢碘酸，直至全部水分反应完毕为止，反应终点用一对铂电极所组成的检测单元指示。在整个过程中，二氧化硫有所消耗，其消耗量与水的克分子数相等。

依据法拉第电解定律，电解 1g 分子碘，需要两倍的 96 493C 电量，即电解 1mg 当量水需要电量为 96 493mC。样品中的水分含量计算如下：

$$W\times 10^{-6}/18=Q\times 10^{-3}/(2\times 96\,493)$$

即　　　　　　　　　　　　　$W=Q/10.722$

式中　　W——样品中的水分含量，μg；

　　　　Q——电解电量，mC；

　　　　18——水的相对分子质量。

（二）检测步骤

1. 仪器和材料

（1）微库仑分析仪，其系统原理如图 1-1 所示，要求如下：

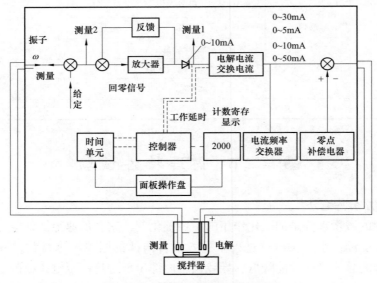

图 1-1　微库仑分析系统原理框图

1）测量精度达到 0.01μg。

2）检定合格、在有效期内。

3）配置稳压电源，提高仪器稳定性。

4）可具备电动加液装置，减少手动加液对试剂造成的影响。

5）电解池具备排液功能，试油、试剂静置分层后，可排除试油部分。

（2）电解液。卡尔费休试剂（或分阳极液和阴极液）；在保质期内，未受潮。

（3）标水。蒸馏水或已知含水量的甲醇标液，做标定试验用。

（4）注射器。0.5mL、1.0mL，配套针头，未使用时应保存于干燥器内，避免注射器内进入水分。

（5）其他材料。

1）高真空脂。涂抹电解池各部件连接处，避免空气中水分进入电解池消耗试剂，影响测试结果。

2）变色硅胶。变色硅胶可吸收空气中水分，其变色程度可反映电解池所处环境湿度。

3）滤纸。擦拭针头试油，减少试验误差。

2. 电解池

（1）在通风橱内向洁净、干燥的电解池阳极室内放入搅拌子，并往电解池内加入卡尔费休试剂（或往阴极室和阳极室分别加入电解液）至刻度线。

（2）正确安装电解池，连接电极引线。

（3）干燥管管口涂抹高真空脂后安装至电解池。

3. 检测步骤及要求

（1）校正仪器。用蒸馏水冲洗注射器3次，不得含有气泡，加入0.1μL水进行测试，读数并记录，重复步骤3次均达到要求值（±5%）。

（2）进样测定。用试油冲洗注射器3次，试样中不得含有气泡，进1mL试油进行测试，读数并记录，重复步骤3次均达到要求值。

（3）试验结束后，清理操作台，恢复清洁、整齐，用具归位。

（三）测试结果分析

1. 试验结果

两次平行测试结果差值应满足表1-13要求。

表1-13 测试结果的允许差

测试结果（μg）	允许差值（μg）	测试结果（μg）	允许差值（μg）
<10	2.9	21～25	3.5
10～15	3.1	26～30	3.8
16～20	3.3	31～40	4.2

2. 绝缘油微水质量指标

绝缘油微水质量指标应满足表1-14要求。

表1-14 绝缘油微水质量指标 mg/L

电压等级	新油	交接时、大修后	运行中
110kV 及以下		≤20	≤35
220kV	厂家出厂报告	≤15	≤25
500kV		≤10	≤15
其他			

（四）注意事项

（1）采用库仑法测定水分，使用的卡尔费休试剂成分的比例不能轻易改动，否则会降低检测灵敏度或使终点不稳定，影响测试准确性。

（2）搅拌速度应适中，最好是能够使电解液呈漩涡状，过快或过慢都会影响数据稳定性。

（3）试验时，应首先保证试样和电解液的密封性，测试过程中避免大气中的水分进入试样中，影响测试结果。

（4）试验过程中可能会出现过终点现象，这是因为空气中的氧，氧化了电解液中的碘离子生成碘所造成的，它相当于电解时产生的碘，致使试验结果偏低，因此，当阴极室出现黑色沉淀后，应将电极取出，用稀盐酸清洗后使用。

（5）测量运行中的变压器绝缘油微水时，应注意变压器的运行温度，尽量在顶层油温高于50℃时进行采样试验。

二、油品闪点（闭口）测试

绝缘油闪点的高低可判断油品发生火灾的可能性大小，闪点越低，油品燃烧的概率越高，发生火灾的可能性性越大，所以油品的闪点是一个安全指标。闪点的高低决定其运送、储存和使用过程所采用何种防火措施。

（一）检测方法

GB/T 261—2008《闪点的测定　宾斯基—马丁闭口杯法》中规定：将油样倒入试验杯中，在规定的速率下连续搅拌，并以恒定的升温速率加热样品。在中断搅拌的情况下，以固定的温度间隔，将火源引入试验杯开口处，使样品蒸气发生瞬间闪火，且蔓延至液体表面的最低温度，此温度为环境大气压下的闪点，再用公式修正到标准大气压下的闪点。

（二）检测步骤

1. 仪器和材料

（1）宾斯基—马丁闭口闪点试验仪，其装配如图1-2和图1-3所示。

（2）清洗溶剂。一般采用丙酮，用于除去试验杯及试验杯盖上沾有的少量试剂。

（3）气压计。记录试验时大气压力，用于测试结果的修正。

2. 仪器准备

（1）根据实际情况选择清洗溶剂清洗油杯，然后放在中性滤纸上自然风干。

（2）闪点测试仪应放在空气不对流且较暗的地方。

3. 检测步骤及要求

（1）用待测油样清洗油杯，然后加入试油至刻度线，合上杯盖并放入加热室，插入温度计。

（2）调节试验火源，将火焰直径调为3~4mm，或打开电子点火器，按要求调节电子点火器的强度。

（3）保持升温速度为5~6℃/min，搅拌速度为90~120r/min。

（4）从预期闪点以下（23±5）℃开始点火，试样温度每升高2℃点火一次，点火时停止搅拌。

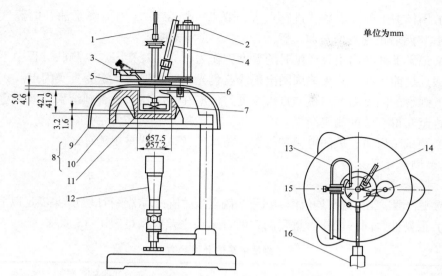

图 1-2　宾斯基—马丁闭口闪点试验仪装配图

1—柔性轴；2—快门操作旋钮；3—点火器；4—温度计；5—盖子；6—片间最大距离 φ0.5mm；7—试验杯；
8—加热室；9—顶板；10—空气浴；11—杯表面厚度最小 6.5mm，脚杯周围的金属；12—火焰加热型或电阻元件
加热型（图示为火焰加热型）；13—导向器；14—快门；15—表面；16—手柄（可选择）

注：盖子的装配可以是左手，也可以是右手。

a 为空隙

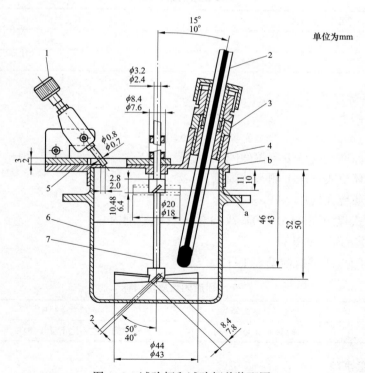

图 1-3　试验杯和试验杯盖装配图

1—点火器；2—温度计；3—温度计适配器；4—试验杯盖；5—滑板；6—试验杯；7—搅拌器
a 最大间隙 0.36mm。b 试验杯的周边与试验杯盖的内表面相接触

（5）用杯盖上的点火装置进行点火，要求火焰在 0.5s 内下降至油杯的蒸气空间内并停留 1s，然后迅速返回至原位置。

（6）记录下油杯内明火产生时的温度，作为试样的观察闪点，测试过程中不要把到达真实闪点之前，在试验火焰周围出现淡蓝色光轮时的温度认定为真实闪点。

（7）观察的闪点温度与最初点火温度差值应在 18~28℃，否则结果无效，重新进行试验，直至获得有效的测定结果。

（8）测试结束后，关闭电源和气源，将试剂及试验器具规范存放。

（三）测试结果分析

1. 试验结果

两次平行测试结果的平均值作为试样的闪点测试值，两次平行试验结果满足以下要求。

（1）重复性。同一操作者重复测定两个结果之差应满足表 1-15 要求。

表 1-15　　　　　　　　　　　测试结果的允许差数

测试结果（℃）	允许差值（℃）
≤104	2
>104	6

（2）再现性。两个实验室提出的两个测试结果之差应满足表 1-16 要求。

表 1-16　　　　　　　　　　　测试结果的允许差数

测试结果（℃）	允许差值（℃）
≤104	4
>104	8

2. 闪点结果的修正

修正公式如下：

$$T_c = T_0 + 0.25(101.3 - P)$$

式中　T_c——标准大气压下测得的闪点，℃；

　　　T_0——环境大气压下测得的闪点，℃；

　　　P——环境大气压，kPa。

注　本公式仅限在 98.0~104.7kPa 的大气压范围内。

3. 变压器油闪点质量指标

变压器油闪点质量指标见表 1-17。

表 1-17　　　　　　　　　　　变压器油闪点质量指标

新油	交接时、大修后	运行中
≥135℃	≥135℃（45 号油）	与新油原始测量值相比不低于 10℃

（四）注意事项

（1）在试验过程中，油杯中加入的试油量，要正好到刻线处，否则会影响测试结果，油量过多测得的结果偏低，反之测得的结果偏高。

（2）测试准确性与点火用的火焰大小离液面高低及停留时间有关。一般火焰比规定的火焰稍大，火焰离液面越近，在液面上停留的时间越长，则测得的结果偏低，反之测得的结果偏高。

（3）严格控制加温速度，如加热太快会导致油蒸发速度加快，空气中的油蒸气浓度提前达到爆炸下限，测定结果偏低。如加热速度过慢会导致测定时间较长，点火次数增多，消耗部分油蒸气，空气中的油蒸气浓度达到爆炸下限时间延长，测定结果偏高。

（4）如果试油中含有水分，测试开始前必须将试油脱水。

（5）因为点火后油温会升高，闪火后记录的温度不是原闪火时的温度，因此要先看温度后点火，不应点火后再看温度。

三、油品颜色的测定

油品颜色的测定可判断新油油品去除沥青、树脂质及其他染色物质的程度，以及油品在运输和储存过程中的受污染程度。如果运行中绝缘油颜色发生剧烈变化，是由于油内发生电弧放电时产生碳质导致，因此，检测油品在运行中的颜色变化情况，可以判断油质好坏或设备是否存在故障。

（一）检测方法

DL/T 429.2—2016《电力用油颜色测定法》颜色测定法：将试样注入比色管中，与标准比色液进行比对，以颜色相同标准比色液的色号及名称标示。如果试油颜色介于两个标准颜色之间，则以较深的颜色作为测定结果。

（二）检测步骤

1. 仪器和试剂

（1）比色管：容量10mL，内径（15±5）mm，长150mm，共15支。

（2）分析天平：精确度达到0.0001g。

（3）容量瓶：容量为100mL。

（4）移液管：容积为1.0、2.0、5.0、10.0、25mL各一支。

（5）碘化钾溶液：质量分数为10%，作分析纯。

（6）纯碘：经过升华并干燥，配置母液用。

（7）蒸馏水：配置试剂用。

2. 标准比色液配置

（1）母液配置。称取升华、干燥的纯碘1g（准确至0.0002g），溶于100mL10%（m/V）的碘化钾溶液中。

（2）按照表1-18要求配置比色液，将此比色液分别注入比色管中，磨口处用石蜡（或真空脂）密封，放在避光处，注明色号及颜色。

表1-18　　　　　　　　　　　标准比色液配置表

色号	颜色	母液（mL）	蒸馏水（mL）	备注
1	淡黄色	0.2	100	
2	淡黄	0.4	100	
3	浅黄	0.14	25	

色号	颜色	母液（mL）	蒸馏水（mL）	备注
4	黄色	0.22	25	
5	深黄	0.32	25	
6	枯黄	0.46	25	
7	淡橙	0.64	25	
8	橙色	0.90	25	
9	深橙	1.20	25	
10	橙红	1.80	25	
11	浅棕	2.810	25	
12	棕红	4.50	25	
13	棕色	7.00	25	
14	棕褐	12.00	25	
15	褐色	30.00	25	
其他				

3. 检测步骤及要求

（1）将试油注入比色管中，通过目测选择接近试油颜色的标准比色管，同时放入比色盒内，在光亮处进行比对，记录最相近的颜色及标准色号。

（2）将与试油颜色相同的标准色号作为试油颜色的测定结果。

（三）测试结果分析

如果试油的颜色居于两个标准比色管的颜色之间，则以较深的色号作为测定结果，并在色号前加"小于号"；若颜色比 15 号深，可报告为大于 15 号。

（四）注意事项

（1）比色液应避光保存，使用有效期为 3 个月。

（2）测定用的比色管应干净和干燥。

（3）比色观察时应在光亮处进行，避免因光线原因影响比对结果。

四、绝缘油界面张力的测定

绝缘油界面张力的测定可判断新油质量和运行油质老化程度。一般情况，新油界面张力较高，大约为 40~50mN/m，甚至 55mN/m 以上；运行中的绝缘油在老化后生成各种有机酸、醇等极性物质，降低了油的界面张力，因此测定运行中绝缘油的界面张力，就可以判断油质的老化程度。

（一）检测方法

GB/T 6541—1986《石油产品对水界面张力测定法（圆环法）》中规定：通过一个水平的铂丝测量环从界面张力较高的液体表面拉脱铂丝环，也就是从水油界面将铂丝圆环向上拉开所需的力来确定。在计算界面张力时，所测得的力要用一个经验测量系数进行修正，此系数取决于所用的力、油和水的密度计圆环的直径。测量须在严格、标准化的非平衡条件下进行，即在界面形成后 1min 内完成此测定。

（二）检测步骤

1. 仪器和材料

（1）界面张力仪：备有周长为 40mm 或 60mm 的铂丝圆环；容积约 100mL，对应两端有两只空活塞；校验有效期内。

（2）试样杯：直径不小于45mm的玻璃烧杯或圆柱形器皿。

（3）分析天平：精确度0.0001g。

（4）石油醚、丁酮：作分析纯。

（5）蒸馏水：清洗、试验用。

2. 试验准备

（1）先后用石油醚、丁酮和水清洗所有玻璃器皿，然后用热的铬酸洗液浸洗，去除圆环上的油污，最后用蒸馏水冲洗干净。如果试样杯不立即使用，应将试样杯倒放于一块清洁布上沥干备用。

（2）检查、矫正铂丝圆环，使圆环每一部分保持在同一平面上。

（3）用石油醚清洗铂丝圆环，然后用丁酮进行漂洗，最后用酒精灯的氧化焰上加热圆环，使其发红去除残留的丁酮。

（4）调节张力仪的零点，按照界面张力仪要求的方法校正仪器。

（5）试样用直径150mm的中速滤纸进行过滤，过滤纸在过滤约25mL试样后更换。

3. 检测步骤及要求

（1）测定试样在25℃时的密度，精确至0.001g/mL。

（2）把50~70mL，（25±1）℃的蒸馏水倒入洁净的试样杯中，正确放置试样杯，把清洗过的圆环悬挂在界面张力仪上，升高试样座，使圆环完全浸入试样杯中心处的水中，目测至水下深度不超过6mm为止。

（3）慢慢降低试样座，增加圆环系统的扭矩，以保持扭力臂在零点位置，当附着在环上的水膜接近破裂点时，应降低调节速率，保持水膜破裂时扭力臂仍在零点位置，当圆环拉脱时读出刻度数值，计算水出的表面张力，结果应在71~72mN/m范围内。

（4）测量蒸馏水界面张力符合要求后，经界面张力仪的刻度盘指针调回零点，升高试样座，使圆环浸入蒸馏水约5mm深度，在蒸馏水上慢慢倒入已调至（25±1）℃过滤后的试样至10mm高度左右，注意不要使圆环触及油—水界面。

（5）油—水界面维持（30±1）s，然后缓慢降低试样座；增加圆环系统的扭矩，保持扭力臂在零点。当附着在圆环上水膜接近破裂点时，扭力臂仍在零点上。上述这些操作，即圆环从界面提出来的时间应尽可能地接近30s。当接近破裂点时，应缓慢地调节界面张力仪，因为液膜破裂过程一般是缓慢的，如果调节太快，则可能形成滞后现象，使测定结果偏高，从试样倒入试样杯，至油膜破裂全部操作时间约为60s。

（三）测试结果分析

（1）以重复测定两个结果的平均值作为试样界面张力的最终测定值，同时满足以下两个条件：

1）同一操作者重复测定的两个结果之差，应不大于平均值的2%。

2）两个实验室对同一样品的测定结果之差，应不大于平均值的5%。

（2）一般情况下，新油界面张力应大于40mN/m，运行中油界面张力应大于19mN/m。

（四）注意事项

（1）界面张力仪应安放在平稳坚固的实验台上，满足存放环境无振动、空气流动较小、不受日光直接照射等要求。

（2）试验前应将铂环和试验杯清洗干净，保证铂环能完全被液体浸润，如果铂环和试验杯未清洗干净，会导致界面张力测定结果偏小。

（3）试样应按规定预先对试样中杂质进行过滤，试验用水采用中性纯净蒸馏水，避免影响试验结果。

（4）表面张力随温度的升高而减小，对许多物质来说，温度与表面张力的关系是直线关系。一般监督试验中若无恒温条件，可在（25±5）℃温度下开展试验，但是仲裁试验必须在25℃温度条件下进行。

五、油中含气量的测定

绝缘油中溶解的气体，在高电场作用下发生电离，当温度和压力突降时会产生长体气泡，极易发生气体碰撞游离，造成绝缘击穿，设备安全运行风险升高。因此，必须严格控制超高压设备油中气体的含量。

（一）检测方法

DL/T 703—2015《绝缘油中含气量的气相色谱测定法》中规定：首先按照 GB/T 7597—2007 的规定采集油样，然后通过振荡仪振荡脱出油样中的气体，用气相色谱仪进行分离、检测各气体组分，通过记录仪或色谱数据处理机进行结果计算，结果以体积分数（%）表示。

（二）检测步骤

1. 仪器和材料

（1）对气相色谱仪有如下要求：

1）油中气体最低检测浓度应满足表 1-19 要求。

表 1-19　　　　　　　　　　气相色谱仪检测浓度要求

组分	最低检测浓度	备注
氧、氮	不大于 50μL/L	
一氧化碳、二氧化碳	不大于 25μL/L	
氢	不大于 5μL/L	
烃类	不大于 1μL/L	

2）仪器气路流程：常见仪器气路流程见表 1-20。

表 1-20　　　　　　　　　　气相色谱仪气路流程

序号	流　　程	说　明
1	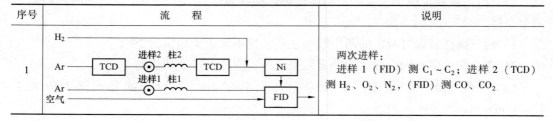	两次进样： 进样 1（FID）测 $C_1 \sim C_2$；进样 2（TCD）测 H_2、O_2、N_2，（FID）测 CO、CO_2

续表

序号	流　　程	说明
2	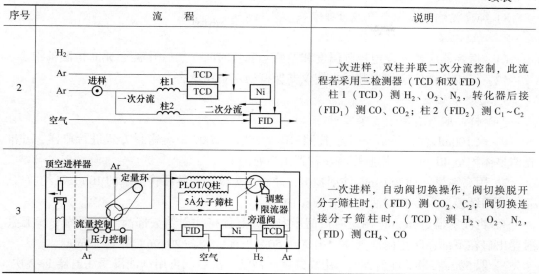	一次进样，双柱并联二次分流控制，此流程若采用三检测器（TCD 和双 FID） 柱 1（TCD）测 H_2、O_2、N_2，转化器后接（FID_1）测 CO、CO_2；柱 2（FID_2）测 $C_1 \sim C_2$
3		一次进样，自动阀切换操作，阀切换脱开分子筛柱时，（FID）测 CO_2、C_2；阀切换连接分子筛柱时，（TCD）测 H_2、O_2、N_2，（FID）测 CH_4、CO

3）色谱柱。色谱柱所检测组分的分离度应满足要求，适用于测量氢、氧、氮组分的固定相，柱长满足表 1-21，其他组分的测定可参照 GB/T 17623—2017 中的方法进行柱长选择。

表 1-21　　　　　　　　　　常用色谱柱及其规格

型号	规格	说明
13X 分子筛填充柱	内柱 3mm，柱长 1m	分离 H_2、O_2、N_2、CO、CH_4
5A 分子筛填充柱	内柱 3mm，柱长 2m	分离 H_2、O_2、N_2、CO、CH_4
TDX01 碳分子筛填充柱	内柱 3mm，柱长 0.5m	分离 H_2、O_2、N_2、CO、CO_2
5A 分子筛毛细管柱	内径 0.53mm，柱长 30m、膜厚度 50μm	分离 H_2、O_2、N_2、CO、CH_4
PLOT/Q 毛细管柱	内径 0.53mm，柱长 30m、膜厚度 40μm	分离 CO_2、C_2H_2、C_2H_4、C_2H_6、C_3H_6、C_3H_8

（2）脱气装置。恒温定时振荡器（或其他脱气装置）：控温精度±0.3℃，定时精度±2min，往复震荡频率 270~280 次/min，振幅（35±3）mm。

（3）记录装置。色谱工作站或色谱数据处理机。

（4）玻璃注射器。100、50、10、5、1mL 医用或专用玻璃注射器。气密性良好，芯塞可灵活滑动无卡涩，刻度应正确校正。

（5）不锈钢注射针头：机械振荡方法专用的 5 号针头。

（6）注射器用橡胶封帽：弹性好，不透气。

（7）标准气体：采用二级标注物质，具有明确的组分浓度含量，检验合格且在有效使用期内。

（8）其他气体。

1）高纯氩气：纯度不应小于 99.99%。

2）高纯氢气：纯度不应小于 99.99%。

3）纯净无油的压缩空气或合成空气。

2. 试验准备

（1）振荡器应预先设定控制温度和振荡、静置时间，然后升温至 50℃恒温备用。

（2）气相色谱仪应预先调试，使仪器保持稳定备用状态。

3. 检测步骤及要求

（1）样品脱气有以下 5 个要求：

1）取 100mL 注射器 A 一支，按照 GB/T 7597—2007 中全密封方式进行取样，并准确调整体积至 40.0mL，用胶帽将注射器出口密封。

2）用高纯氩气冲洗 10mL 注射器 B，冲洗 3 次以上，然后将抽取的 10mL 高纯氩气，通过胶帽缓慢注入装有试油的注射器 A 内。

3）将注射器 A 放入恒温定时振荡器内，注意保持注射器头部高于尾部约 5°，且注射器出口在下部，防止内部气体溢出。在 50℃下连续振荡 20min，静置 10min。

4）取 5mL 容量的注射器 C，用高纯氩气清洗 3 次后，再用试油浸润注射器 1~2 次，注射器吸气端吸入约 0.5mL 试油，戴上胶帽密封，将双头针头插入胶帽，并保持针头垂直向上，慢慢排出注射器中的气体，使注射器 C 的缝隙充满试油而无残留空气。

5）从脱气装置中取出注射器 A，立即用双头针头将其中的平衡气体转移至注射器 C 中，室温下放置 2min，准确记录其体积（V_g）。

（2）外标定量法进行仪器标定。在气相色谱仪稳定的情况下，准确抽取 1mL（或 0.5mL）标准气体注入仪器，重复该操作进行平行试验，计算两次峰高 h_{si} 或峰面积 A_{si} 的平均值进行。

（3）试样分析。用高纯氩气冲洗 1mL 注射器 D，冲洗 3 次以上，然后从注射器 C 中准确抽取 1mL（或 0.5mL）样品气体进行进样分析，重复该操作进行平行试验，计算两次测试的峰高 h_i 或峰面积 A_i 的平均值。

（三）测试结果分析

1. 样品气和油样体积的校正

按下面公式将在室温、试验压力下的平衡气体体积 V_g 和试油体积 V_L 分别校正为 50℃、试验压力下的体积：

$$V_G = V_g \times 323/(273+t)$$

式中　V_G——50℃、试验压力下平衡气体体积，mL；

　　　V_g——室温 t 试验压力下平衡气体体积，mL；

　　　t——试验时的温度，℃。

$$V_L = V_1[1 + 0.0008 \times (50 - t)]$$

式中　V_L——50℃、平衡条件下油样体积，mL；

　　　V_1——室温 t 时所取油样体积，mL；

　0.0008——油的热膨胀系数。

2. 试样气体含量浓度的计算

游踪气体的浓度计算公式如下：

$$C_{\mathrm{L}(i)}^{0} = 0.879 \times \frac{P}{101.3} \times C_{si} \times \frac{\overline{A_i}}{\overline{A_{si}}}\left(K + \frac{V_{\mathrm{G}}}{V_{\mathrm{L}}}\right)$$

式中 $C_{\mathrm{L}(i)}^{0}$——101.3kPa 在 273K（0℃）时，溶解气体组分 i 中油中的浓度，μL/L；

$\quad\quad C_{si}$——气体组分 i 在标注气体中的浓度，μL/L；

$\quad\quad P$——试验时的大气压力，kPa；

$\quad$0.879——油样中溶解气体浓度从 50℃ 校正到 0℃ 时的温度校正系数；

$\quad$101.3——标准大气压力，kPa；

$\quad\quad \overline{A_i}$——油样气体中 i 组分的平均峰面积，mm^2；

$\quad\quad \overline{A_{si}}$——标准气体中 i 组分的平均峰面积，mm^2；

$\quad\quad K$——试验温度下，气液平衡后溶解气体组分的分配系数，见表1-22。

$\overline{A_i}$ 和 $\overline{A_{si}}$ 也可以用平均峰高 $\overline{h_i}$ 和 $\overline{h_{si}}$ 代替。

表1-22　　　　　　　　　　矿物绝缘油中溶解气体组分分配系数 K

气体	GB/T 17623（50℃）	IEC 60599（50℃）
氧	0.17	0.17
氮	0.09	0.09
一氧化碳	0.12	0.12
二氧化碳	0.92	1.00
氢气	0.06	0.05
甲烷	0.39	0.40
乙烷	2.30	1.80
乙烯	1.46	1.40
乙炔	10.2	0.90

当油样牌号或油种无法确认时，其溶解气体的分配系数也无法确定，此种情况可采用 GB/T 17623—2017 中的二次平衡测定法进行试验。

以两次试验结果的平均值作为最终测定结果。

3. 测定结果满足精密度要求

在 95% 的执行区间内，两次试验结果的允许差值满足精密度图 1-4 中 m-r 曲线要求，两个实验室测定结果的允许差值满足精密度图 1-4 中 m-R 曲线要求。

（四）注意事项

（1）气相色谱分析仪应每年开展校正工作。

（2）每日试验应采用标气进行标定，测定结果不应与前几次测定结果

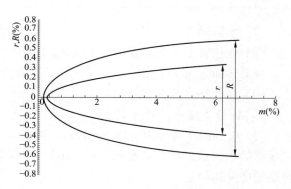

图 1-4　精密度图
m—平均值；r—重复性；R—再现性

有明显偏差。

⚡ 第三节 化学特性试验

一、绝缘油水溶性酸的测定

石油产品的水溶性酸，在生产、使用或储存时，能腐蚀与其接触的金属部件，会促使油品老化，降低油的绝缘性能。油中水溶性酸对变压器的固体绝缘材料老化影响很大，会直接影响着变压器的使用寿命，绝缘油的水溶性酸是新油和运行油的监控指标之一。

（一）检测方法

GB/T 7598—2008《运行中变压器油水溶性酸测定法》中规定：在试验条件下，试验油样与等体积蒸馏水混合后，取其水溶液部分，加入指示剂后进行比色，测定油中水溶性酸，结果用 pH 值表示。

（二）检测步骤

1. 试剂和材料

（1）除盐水或二次蒸馏水，煮沸后，pH 为 6.0~7.0，电导率小于 $3\mu S/cm$（25℃）。

（2）邻苯二甲酸氢钾，作基准试剂，100~110℃温度下干燥后使用。

（3）磷酸二氢钾，作基准试剂，100~110℃温度下干燥后使用。

（4）氢氧化钠，作分析纯。

（5）盐酸，作分析纯，相对密度为 1.19。

（6）pH 指示剂，溴甲酚紫，溴甲酚绿，其变色范围及配置方法见表 1-23。

表 1-23　　　　　　　　　指 示 剂 的 配 置

指示剂名称	pH 变色范围	配置方法	备注
溴甲酚绿	3.8~5.4 黄~蓝	将 0.1g 溴甲酚绿与 7.5mL、0.02mol/L 氢氧化钠一起研匀，用除盐水稀释至 250mL，再调整 pH 值为 4.5~5.4	
溴甲酚紫	5.2~6.8 黄~紫	将 0.1g 溴甲酚紫溶于 9.25mL、0.02mol/L 氢氧化钠溶液中，再用除盐水稀释至 250mL，调整 pH 值至 6.0	

（7）水浴锅。

（8）比色管，具塞，直径为 15mm，容量 10mL。

（8）50mL，量筒。

（9）温度计，范围 0~100℃。

2. pH 标准缓冲溶液的配置

（1）0.2mol/L 苯二甲酸氢钾溶液。称取 40.846g 苯二甲酸氢钾放入小烧杯中，溶于适量除盐水（或二次蒸馏水），移入 1000mL 容量瓶，再用除盐水（或二次蒸馏水）稀释至刻度并摇匀。

（2）0.2mol/L 磷酸二氢钾溶液。称取 27.218g 磷酸二氢钾放入小烧杯中，溶于适量除盐水（或二次蒸馏水），移入 1000mL 容量瓶，再用除盐水（或二次蒸馏水）稀释至刻度并摇匀。pH 值为 3.8~7.0，间隔为 0.2。

（3）0.1mol/L 盐酸溶液。量取 17mL 浓盐酸注入 1000mL 容量瓶，用除盐水（或二次蒸馏水）稀释至刻度（此溶液浓度约为 0.2mol/L），再用硼砂、无水碳酸钠、无水碳酸钾或已知浓度的标准碱溶液进行标定，配置成 0.1mol/L 的盐酸溶液。

（4）0.1mol/L 氢氧化钠溶液。迅速称取 8g 氢氧化钠放入小烧杯中，加入 50~60mL 蒸馏水溶解，移入 1000mL 容量瓶，再加入 2~3mL10% 的氯化钡溶液沉淀碳酸盐，然后用蒸馏水稀释至刻度，静置至溶液澄清。取上层清液（此清液浓度约为 0.2mol/L），用苯二甲酸氢钾或已知浓度的标准酸溶液进行标定，配置成 0.1mol/L 的氢氧化钠溶液。

（5）pH 标准缓冲溶液。按表 1-24 配置标准缓冲溶液。

表 1-24　　　　　　　　　　pH 值的标准缓冲溶液配置图

pH 值	0.1mol/L 盐酸（mL）	0.2mol/L 苯二甲酸氢钾溶液（mL）	0.1mol/L 氢氧化钠（mL）	0.2mol/L 磷酸二氢钾（mL）	稀释至体积（mL）
3.6	6.3	25			100
3.8	2.9	25			100
4.0	0.1	25			100
4.2		25	3.0		100
4.4		25	6.6		100
4.6		25	11.1		100
4.8		25	16.5		100
5.0		25	22.6		100
5.2		25	28.8		100
5.4		25	34.1		100
5.6		25	38.8		100
5.8		25	42.3		100
6.0			5.6	25	100
6.2			8.1	25	100
6.4			11.6	25	100
6.6			16.4	25	100
6.8			22.4	25	100
7.0			29.1	25	100

3. 检测步骤及要求

（1）量取 50mL 试样倒入 250mL 锥形瓶，加入预先煮沸过的 50mL 蒸馏水，塞上瓶塞加热，在 70~80℃ 温度下摇动 5min。

（2）将锥形瓶中的液体倒入分液漏斗内，待分层并冷却至室温后，取出 10mL 水溶液加到比色管，滴入 0.25mL 溴甲酚紫指示剂，当呈浅紫色或紫色时，摇匀后放入比色盒进行比色并记录其 pH 值；若加入溴甲酚紫指示剂后溶液呈黄色，则需另取 10mL 水溶液加入比色管，加入 0.25mL 溴甲酚绿指示剂，摇匀后放入比色盒进行比色，记录其

pH 值。

（三）测试结果分析

（1）两次平行试验结果的 pH 差值不超过 0.1。

（2）取两次测试结果的平均值作为最终测定值。

（3）新变压器油水溶性酸（pH 值）应大于 5.4，运行中油 pH 值应大于 4.2。

（四）注意事项

（1）试验用水。试验用水本身的 pH 值对于测定结果有明显影响，试验前应煮沸驱除 CO_2，25℃时的水 pH 值为 6.0~7.0，电导率小于 3μS/cm。

（2）萃取温度。用蒸馏水萃取油中的低分子酸时，萃取温度直接影响平衡时水中酸的浓度，因此在不同温度下萃取，往往会测得不同的结果。应严格按照方法中规定在 70~80℃下进行萃取。

（3）摇动时间。摇动时间与萃取量也有关，应严格按照方法中规定摇动 5min 进行萃取。

（4）指示剂本身的 pH 值。指示剂溶液本身 pH 值的高低对试验结果也有明显影响，配置指示剂时应严格按照方法中规定，把指示剂 pH 值调节到规定值，并准确控制加入指示剂的体积。

（5）所有仪器都必须保持清洁、无水溶性酸碱等物质。

二、绝缘油酸值的测定

绝缘油中的酸性物质会降低油品的绝缘性能，加速固体绝缘材料的老化，缩短设备运行寿命。油品中的酸性物质会腐蚀设备构件所用的铜、铁等金属材料，生成的金属盐类是氧化反应的催化剂，进一步加速油的老化速率。测定油品酸值是检查新油油质的重要指标，也是检查运行中油老化程度的主要控制指标之一。

（一）检测方法

GB/T 264—1983《石油产品酸值测定法》中规定：测定油品酸值是采用沸腾乙醇抽出试油中的酸性组分，用氢氧化钾乙醇溶液进行滴定，确定中和 1g 试油酸性组分所需的氢氧化钾毫克数，以 mgKOH/g 标示油品酸值。

（二）检测步骤

1. 仪器和试剂

（1）锥形烧瓶，容量为 200~300mL。

（2）微量滴定管，1~2mL，分度 0.02mol/L 氢氧化钾乙醇溶液。

（3）苯二甲酸氢钾，保证试剂或基准试剂，应干燥后使用，干燥温度为 100~110℃。

（4）氢氧化钾溶液，配置为 0.02~0.05mL。

（5）球形或直形回流冷凝器，长约 300mm。

（6）无水乙醇，作分析纯。

（7）溴百里香酚蓝（BTB）试剂，称取 0.5g 溴百里香酚蓝（准确至 0.01g）放入烧杯内，加入无水乙醇 100mL 使其溶解，然后用 0.1mol/L 氢氧化钾溶液中和至 pH 值为 5.0。

（8）水浴锅。

2. 配置和标定 0.02~0.05mol/L 氢氧化钾乙醇溶液

（1）配置。称取约3g氢氧化钾，用适量无水乙醇溶解于烧杯，而后装入1000mL容量瓶中，并用无水乙醇稀释至刻度线后摇匀，如果该溶液呈混浊状（碳酸钾沉淀），应放置至沉淀完全析出，然后用虹吸的方式将上层清液装入另一试剂瓶，用邻苯二甲酸氢钾溶液标定，计算出准确浓度后备用。

（2）标定。称取邻苯二甲酸氢钾0.15~0.20g（准确至0.0002g），用蒸馏水溶解，加热煮沸后滴入酚酞指示剂2~3滴，再用氢氧化钾乙醇溶液滴至溶液呈淡粉红色。计算出氢氧化钾乙醇溶液浓度 M：

$$M = 1000G/204.2V$$

式中　M——氢氧化钾乙醇溶液的摩尔浓度，mol/L；

　　　G——邻苯二甲酸氢钾的质量，g；

　　　V——消耗氢氧化钾乙醇溶液的体积，mL；

204.2——邻苯二甲酸氢钾的摩尔质量，g/mol。

3. 检测步骤及要求

（1）用锥形烧瓶称取试油8~10g（准确至0.01g）。

（2）量取50mL无水乙醇，倒入装有试油的锥形烧瓶中，放入回流冷凝器，在80~90℃的水浴不断摇动回流5min，取下锥形烧瓶加入0.2mLBTB指示剂，趁热用氢氧化钾乙醇标准溶液滴至溶液由蓝绿色为止（3min之内完成该操作过程），记录氢氧化钾乙醇溶液的消耗量（BTB指示剂在碱性溶液中为蓝色，因试油带色的影响，其终点颜色为蓝绿色）。

（3）取无水乙醇50mL按（2）操作步骤进行空白试验。

（4）计算试油的酸值 X：

$$X = (V_1 - V_0) \times 56.1 \times C/G$$

式中　X——试油的酸值，mgKOH/g；

　　　V_1——试油滴定所消耗氢氧化钾乙醇溶液的体积，mL；

　　　V_0——空白试验所消耗氢氧化钾乙醇溶液的体积，mL；

　　　C——氢氧化钾乙醇标准溶液的浓度，mol/L；

　　　G——试油的重量，g；

56.1——氢氧化钾的摩尔质量，g/mol。

（三）测试结果分析

（1）取两次测定结果的平均值作为最终测定结果。两次平行测定结果的相对差值应符合表1-25的规定。

表1-25　　　　　　　　　　　酸值测定结果允许差值

酸值（mgKOH/g）	允许差值（mgKOH/g）
<0.1	0.01
0.1~0.3	0.02
>0.3	0.03

（2）新的、投运前和交接时的变压器油要求酸值应小于 0.03mgKOH/g；运行中变压器油要求酸值应小于 0.1mgKOH/g。

（四）注意事项

（1）空白试验时，煮沸的无水乙醇加入 BTB 试剂后呈浅蓝色，表明该无水乙醇为微碱性，在使用前用稀盐酸中和至微酸性后使用。

（2）试验前应排除的 CO_2 干扰，煮沸 5min 可排出试液中的 CO_2。

（3）指示剂加入量严格控制为 0.2mL，因为指示剂本身呈弱酸性，试验中用量太多会消耗碱，影响测试结果。

（4）试验中碱液加入速度应缓慢，到达终点前改为半滴滴加，减少测量误差。

⚡ 第四节　电气特性试验

一、绝缘油击穿电压测试

击穿电压是衡量绝缘油电气性能的重要参数，可判断油中是否存在水分、杂质和导电微粒，是检验变压器油性能好坏的重要手段之一。

（一）检测方法

GB/T 507—2002《绝缘油击穿电压测定法》中规定：向置于规定设备中的被测试样上施加按一定速率连续升压的交变电场，直至试样被击穿。

将绝缘油装入油杯，逐渐升高电压，当电压达到一定值时，油的电阻几乎突降至零，即电流瞬间突增，并伴随有火花或电弧产生，此时绝缘油被"击穿"，绝缘油被击穿的临界电压，称为击穿电压，单位为千伏。

（二）检测步骤

1. 仪器和试剂准备

（1）绝缘油击穿电压测试仪要求检定合格且在有效期内，试样杯和电极示意图如图 1-5 和图 1-6 所示。

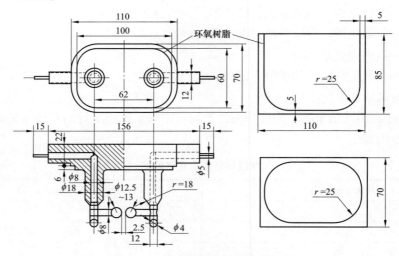

图 1-5　试样杯和球形电极示意图

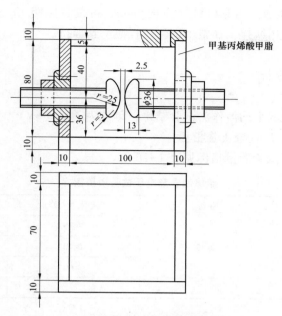

图 1-6　试样杯和球盖形电极结构示意图

（2）标准规：直径为（2.5±0.05）mm 的圆柱形规体。

（3）搅拌器，视试验需要而定，搅拌对试验结果无明显影响。

（4）丙酮、石油醚：作分析纯。

2. 电极和油杯准备

（1）电极的准备和检查。

1）用适量挥发性溶剂清洗电极并晾干。

2）用细磨粒砂纸或细纱布将电极磨光。

3）待电极打磨完成后，先后用丙酮石油醚进行清洗。

4）正确安装电极，装满待测试样，升高电压至击穿试样 24 次。

5）调整电极间距离，应为 2.5mm。

（2）油杯清洗：在试验时使用待测试样清洗油杯 2~3 次，排出待测试样后再将油样注满试样杯。

3. 检测步骤及要求

（1）试样准备：装样前，应轻轻摇动翻转盛有试样的容器，使试样中存在的杂质尽可能均匀分布并且不产生气泡，避免试样与空气不必要的接触。

（2）装样：试验前应用试验油样清洗杯壁、电极及其他各部位 2~3 次，将试油缓慢注入油杯浸没过电极，并避免生成气泡。将充满试样的油杯正确放置在仪器上，盖好高压罩后静置 10min，如使用搅拌，应打开搅拌器。

（3）加压操作：

1）加压。以（2.0±0.2）kV/s 的速率缓慢升压至击穿试样，电路自动断开时的最大电压值作为试验结果。

2）记录击穿电压值。击穿后试样静止 5min，再重复操作 1）步骤 5 次。注意电极间不应有气泡，若使用搅拌，在整个试验过程应一直保持。

3）测试完毕。

（三）测试结果分析

1. 试验结果

以 6 次击穿电压的平均值作为试验结果，单位为千伏（kV）。

2. 绝缘油击穿电压试验质量指标

绝缘油击穿电压试验质量指标见表 1-26。

表 1-26   绝缘油击穿电压试验质量指标   mg/L

电压等级	新油	交接时、大修后	运行中
35kV 及以下		≥35	≥30
110~220kV	≥35	≥40	≥30
500kV		≥60	≥35
其他			≥50

（四）注意事项

（1）不同试验方法选用对应的电极（球形电极、半球形电极、平板电极）。

（2）电极间距要用标准规校准，保持在（2.5±0.05）mm 范围内。电极距离过小或过大对测试结果都有影响。

（3）油中水分及杂质对击穿电压的测试影响比较明显，所以试样要有代表性，测试前一定要摇荡均匀后再注入油杯。

（4）影响油击穿电压的因素较多，试验数据的分散性较大，因此，以 6 次平均值作为试验结果。

（5）试样杯应保存在干燥的地方并加盖密封，杯内应装满干燥合格的绝缘油，保持油杯不受潮。

二、绝缘油体积电阻率测试

变压器油体积电阻率的测试，可以反映变压器绝缘特性的好坏，在某种程度上能反映出油的老化、受污染程度，是判断油质绝缘性能的重要参数。

（一）检测方法

DL/T 421—2009《电力用油体积电阻率测定法》中规定：体积电阻是施加于试液接触的两电极之间的直流电压与通过该试液的电流比，即

$$R = U/I = \rho \times L/S$$

变换上式得 $$\rho = R \times S/L = RK = U \times 0.113 C_0/I$$

式中 R——被试液体的体积电阻，Ω；

   U——两电极间施加的直流电压，V；

   I——两电极间通过试液的电流，A；

   ρ——被试液体的体积电阻率，$\Omega \cdot m$；

   S——电极面积，m^2；

L——电极间距，m；

K——电极常数（S/L），m；

C_0——空电极电容，pF。

（二）检测步骤

1. 仪器和材料准备

（1）体积电阻率测试仪。

1）测试电压为直流500V（采用2mm间隙电极），充电时间60s，测量范围（$1\times10^6 \sim 1\times10^{13}$）$\Omega \cdot m$，高阻测量正负误差小于±10%，具有空杯电极清洁干燥质量的检验功能。

2）测试油杯采用三电极、内外电极双控温结构，电极间距在（2±0.05）mm范围内，内外电极同心度偏差小于0.05mm，空杯电容值为（30±1）pF，拆洗装配后与标称空杯电容值偏差小于±2%，可实现自动进排油，测试电极杯结构如图1-7所示。

3）电极材料应使用热膨胀小、加工清洁度高的不锈钢，15~95℃温度范围内空杯电容值变化小于1%，有效测量表粗糙度优于$R_a0.16\mu m$。

4）支撑电极的绝缘材料应满足机械强度高、体积电阻率高、介质损耗因数低的要求，并具有稳定的化学性能，电极杯空杯绝缘电阻应高于$3\times10^{12}\Omega$。

5）电极杯温度控制在15~95℃，精度为±0.5℃，到达设置温度时间小于15min。

（2）试剂和材料。

1）溶剂汽油、石油醚或正庚烷。

2）磷酸三钠，分析纯。

3）蒸馏水或除盐水。

4）绸布或定性滤纸。

5）电容表，测量范围为0~100pF，精度达到0.01pF。

6）0~100℃水银温度计。

（3）油杯准备。

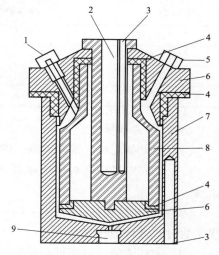

图1-7 测试电极杯结构示意图

1—测量极接线端；2—内电极加热管插孔；

3—测控温元件插孔；4—绝缘垫；

5—进油口；6—屏蔽极；

7—高压极；8—测量极；9—排油口

1）新使用、长期不用或被污染的电极油杯，应解体后彻底清洗。

2）测试前应清洗、干燥电极油杯。

3）每次样品测试后应清洗电极油杯。

2. 测试步骤及要求

（1）开启仪器，并确认仪器正常。根据实际情况设置测试温度（一般绝缘油为90℃，抗燃油为20℃）和充电时间（60s）。

（2）取样品轻摇混合均匀（过程中尽量避免产生气泡），缓慢注入约30mL样品至电极油杯。

（3）装配好电极杯，并正确连接接线及部件。

（4）对测试电极杯进行加热或制冷，待内、外电极与设置温度差值在±0.5℃范围时立即开始试验，记录测试结果。

（5）将油杯排空，再次进行试验并记录测试结果。

（6）两次测试结果的误差应满足重复性要求，否则应重新进行试验。

（三）测试结果分析

1. 试验结果

以两次试验结果（满足精密度要求）的较高值作为样品的体积电阻率最终测试值。

2. 重复性

重复性应满足：$\rho > 10^{10}\Omega \cdot m$ 时，不大于25%；$\rho \leq 10^{10}\Omega \cdot m$ 时，不大于15%。

3. 再现性

再现性应满足：$\rho > 10^{10}\Omega \cdot m$ 时，不大于35%；$\rho \leq 10^{10}\Omega \cdot m$ 时，不大于25%。

4. 绝缘油体积电阻率测试质量指标（见表1-27）

表1-27　　　　　　　　　　　　　绝缘油体积电阻率测试质量指标

电压等级	新油	交接时、大修后	运行中
220kV 及以下	—	$\geq 6 \times 10^{10}\Omega \cdot m$	$\geq 1 \times 10^{9}\Omega \cdot m$
500kV			$\geq 1 \times 10^{10}\Omega \cdot m$
其他			

（四）注意事项

（1）温度的影响，温度升高，测试结果减小，反之则增大。

（2）不同电场强度对同一试样的测试结果不同，因此应在规定的电场强度下进行试验。

（3）施加电压时间的影响，同一试样，施加不同的电压时间，测试结果不同，应在规定的时间进行加压。

（4）油杯清洁度对测试结果影响较大，检测前必须将油杯清洗干净。

三、绝缘油介质损耗因数测试

测量绝缘油的介质损耗因数，可判断新油的精制、净化程度，运行中油的老化程度，以及变压器油绝缘性能，是监测绝缘油电气性能的重要参数。

（一）检测方法

GB/T 5654—2007《液体绝缘材料相对电容率、介质损耗因数和直流电阻率的测量》中规定：绝缘油在工频电压下，采用高压西林电桥配以专用油杯进行测定。

介质损耗因数的测量是在交变电场的作用下，两部分电流流过电介质：一是无能量损耗的无功电容电流；二是有能量损耗的有功电流，I_C 和 I_R 的合成电流为 I。I 与电压 U 的相位差是小于90°的 δ 角，此角称为介质损耗角，介质损耗角的正切（$\tan\delta$）就是介质损耗因数。

（二）检测步骤

1. 仪器和材料

（1）绝缘油介质损耗测试仪，要求如下：可提供40～60Hz 正弦电压，电场强度为

0.03~1kV/mm，具备自动测量功能，检定合格、在有效期内。

（2）磷酸三钠水溶液，质量分数为 5%。

（3）丙酮、石油醚、苯作分析纯。

2. 电极杯准备

（1）测量电极全部拆开，所有部件用石油醚和苯进行彻底清洗。

（2）所有部件经丙酮进行漂洗，再用中性洗涤剂进行清洗。

（3）将所有部件放在 5% 的磷酸三钠水溶液中煮沸，再用蒸馏水漂洗后煮沸 5min 即可。

（4）所有部件在 105~110℃ 温度下放入烘箱内烘干，时间不少于 60min。

（5）部件冷却后，组装测量电极。

（6）空杯的电极损耗因数测量电压应在工频 2kV 以下，测试结果不应大于 $5×10^{-5}$，否则应将电极杯重新清洗至测试合格后备用。

3. 测试步骤及要求

（1）试油入杯。用量筒按照杯型量取适量的试油，入杯应无气泡和杂质，温度达到测试温度 ±1℃ 后，10min 内开始测试，若需更换另外油样测试，则应用下一个油样涮洗电极杯；内电极温度（90±1）℃ 时开始测量。

（2）开始测量。

1）要求电场强度为 30~1000V/mm，电压频率为 50Hz。

2）仅在测试时施加电压。升压要缓慢（不可突变电压应以每秒升高十分之一工作电压的速度进行）。

3）应尽快完成测量。

（3）完成测试，收拾清理仪器。

（三）测试结果分析

1. 试验结果

精密度要求如下：

（1）两次读数之差应小于 0.0001 加上两次读数中较大值的 25%。

（2）两次有效测量值的平均值作为试样的最终测试结果。

2. 绝缘油介质损耗因数质量指标（见表 1-28）

表 1-28　　　　　　　　　　绝缘油油介质损耗因数试验质量指标

电压等级	新油	交接时、大修后	运行中
220kV 及以下	≤0.005	≤0.01	≤0.04
500kV		≤0.007	≤0.02
其他			

（四）注意事项

（1）当试验温度达到要求温度的 ±1℃ 时，试验应在 10min 内开始。

（2）温度的变化对介质损耗因数的测量影响很大，因此，测量必须在一定的温度条件下进行。

（3）电极工作面的表面粗糙度应满足要求，如表面呈暗色时，应重新抛光后使用。

（4）各电极应在同一圆心上，各间隙间距应保持一致。

（5）测量电极与保护电极间的绝缘电阻应大于测量设备绝缘电阻的 100 倍，各芯线与屏蔽间的绝缘电阻应大于 $50\sim100\text{M}\Omega$。

（6）测量仪器必须按规定和说明书进行清洁和调整。

（7）注入油杯内的试油，应无气泡及其他杂质。

（8）对试油施加电压至一定值时，在升压过程中不应有放电现象。

充油电气设备故障检测

为了保证电网的安全稳定运行，必须要加强对设备的监测，便于及时、准确掌握电气设备的运行状态，及早检查出设备的潜伏性故障及其性质、发生的部位、严重程度、发展趋势等，降低设备事故的发生概率。电力系统中，起变电作用的电力变压器在电网运行中扮演着重要角色，若变压器出现故障，可能导致电网停止电力输送，且其内部结构复杂，开展修复工作较为困难，所需时间也较长，会造成巨大的经济损失。因此，保证它的安全可靠运行是目前的焦点问题。

根据大量数据的统计分析，电力变压器故障的发生多为内部绝缘老化引起的。目前，电力系统中运行的电力变压器一般以绝缘油作为绝缘介质和冷却介质。大量研究表明，变压器油油质的好坏是变压器是否健康的重要指标，我们可以通过绝缘油的检测分析，了解变压器内部绝缘状况，初步判断变压器运行状态，以便制定或选择合理的检修方案。

出厂后，未与电气设备中的各种材料接触的绝缘油，我们称为新油，新油通常具有很好的绝缘、灭弧、散热、冷却性能。当新油充入电气设备后，与设备内的材料接触而使某些杂质溶于油中，引起油的物理和电气性能发生变化；同时，当充油设备通电投运后，绝缘油和设备内部的有机绝缘材料会受到电场、磁场和高温（即电和热）的影响，逐渐老化、分解，油中将产生一系列的不稳定的过氧化物、酸及酸性物质，它们的存在会增强油品的导电性，降低油的绝缘能力。当设备发生过热故障或放电性故障时，绝缘油中的长链有机分子降解形成小分子的有机气体，我们称之为特征气体。

绝缘油的基础是矿物油，其主要的成分为有机的大分子量化合物，其原子之间的化学键主要由C–H键、C–C键、C–O键、H–O键四种类型组成，而C–C键又可以分为C–C单键、C＝C双键、C≡C三键三种形式。不同的化学键所具有的键能不同，因此物质的化学稳定性也不同。一般来说，若原子间的键能越大，构成这种化学键之间的原子间越稳定，形成的分子越稳定，也就意味着打破这种键所需的能量就越大。而变压器在发生各种类型的故障或缺陷时，其形成的能量是不同的，因此导致化学键间相应的破裂程度，从而产生不同的物质。绝缘油中产生的特征气体的原理是与上述化学规律保持一致的，碳氢化合物分子因其各种化学键结构，在不同能量的故障后表现出不同的稳定性。因此，不同的变压器故障类型和同一故障的不同阶段会产生不同的能量，在能量的作用下绝缘油会分解成不同的气体。变压器油中溶解气体与变压器内部故障有着密切关系，在设备故障或设备缺陷的条件下，由于油品吸收大量的能量，油品的质量会发生相应的变化，其特征气体的产气速度、产气量与设备正常状态下的产气速度、产气量有明显的差别。大量的研究表明，通过分析绝缘油中产生的特征气体判断变压器故障的方法准确度比较高，因此，我们可以通过对油品中溶解的气体成分、含量及增长速度，结合充油设备的具体运行情况进行分析，判断充油设备内部的故障情况以及原因分析。同时，长期的实践表明，油中溶解气体的气相色谱分析法是所有绝缘监督手段中诊断变压器等充油电气设备故障最灵敏、最有效的方法，该技术经多年发展已趋于成熟，并在世界上得到广泛的重视和应用，是日常绝缘监督中不可缺少的手段。

⚡ 第一节　充油电气设备故障类型

变压器等充油电气设备的故障一般可分为放电和过热两大类。其中放电分为局部放电、火花放电和高能量放电三种类型，过热按温度高低，可分为低温过热、中温过热与高温过热三种类型。另外，设备内部进水受潮也是一种内部潜伏性故障。

一、局部放电

局部放电是指液体和固体绝缘材料内部形成桥路的一种放电现象，一般可分为气隙形成的局部放电与油中气泡形成的局部放电（简称气泡放电）。

局部放电常常发生在油浸纸绝缘中的气体空穴内或悬浮带电体的空间内，主要是因为绝缘纸受潮或不完全浸渍，造成纸中水分过高、湿度大、油中溶解气体过饱和、充气空腔等引发纸的皱纹或重叠处局部放电，并生成 X-蜡。因而在绝缘纸层中间，有明显可见的 X-蜡或放电痕迹。这种故障对于电流互感器和电容套管的故障比例较大。由于设备受潮，制造工艺差或维护不当，都会造成局部放电。对于电流互感器而言，附近变电站母线系统开关操作可能导致局部放电；对于电容型电压互感器是由于电容器元件边缘上的过电压而引起的局部放电；套管主要是因为在运输期间的绝缘纸弄皱、弄折而造成的局部放电。

氢气和甲烷是局部放电的特征气体，其中氢组分最多，占氢烃总量的 85% 以上。当放电能量高时，会产生少量乙炔。

局部放电会加速绝缘老化，破坏绝缘物的分子结构，如纤维被局部破坏、油被分解，可产生沉积物，如任其发展不仅会引起绝缘特性恶化、散热能力降低，易造成局部过热和其他故障，而且严重时会引发事故。

【案例 2-1】

故障类别：局部放电故障。

案例描述：110kV××站 192B 相 TA，出厂日期 2006 年 12 月，该设备 2007 年 6 月投运，投运前油色谱分析正常。

2008 年 11 月 21 日，对该设备进行预防性试验，色谱分析发现该 TA 油中 H_2 浓度为 1705.7μL/L、总烃浓度为 147.6μL/L 超过国家标准《变压器油中溶解气体分析和判断导则》所规定的注意值：H_2 不大于 150μL/L，总烃不大于 100μL/L。增加油微水试验，试验结果正常，绝缘试验正常。根据油色谱特征气体分析，该 TA 内部存在局部放电故障。

本次试验为该设备投运后第一次预试，后期对该设备进行缺陷监督，向上级建议更换套管。

1. 色谱分析

对该设备进行色谱微水分析，见表2-1。

表2-1　　　　　　　　　　　　　案例2-1色谱微水分析

试验日期	脱气量（mL）	H_2（μL/L）	CO（μL/L）	CO_2（μL/L）	CH_4（μL/L）	C_2H_4（μL/L）	C_2H_6（μL/L）	C_2H_2（μL/L）	总烃（μL/L）	结论
2007.4.19	4.9	4.4	2.0	49.0	4.3	0.1	4.7	未检出	9.1	正常
2008.11.21 上午	7.4	1701.6	47.0	228.3	138.2	0.3	16.8	未检出	155.3	H_2>150 甲烷>100
2008.11.21 下午	7.2	1705.7	41.3	222.0	130.4	0.3	16.9	未检出	147.6	H_2>150 甲烷>100
2008.12.4	5.9	1691.7	36.8	170.1	114.3	0.2	13.9	未检出	128.4	H_2>150 甲烷>100
2008.12.10	6.0	1622.0	37.9	206.4	129.4	0.3	16.7	未检出	146.4	H_2>150 甲烷>100
2008.12.18	6.4	1693.8	41.2	191.4	121.0	0.3	16.8	未检出	138.1	H_2>150 甲烷>100

2. 故障分析

从色谱分析来看，特征气体主要以氢气和甲烷为主，乙烯为次要增长组分，三比值编码为010，表征为高湿度、高含气量引起的油中低能量密度的局部放电。虽然微量水分测试、绝缘测试正常，但是局部放电会加速绝缘老化，破坏绝缘物的分子结构，如纤维被局部破坏、油被分解，产生沉积物，如任其发展不仅会引起绝缘特性恶化、散热能力降低，易造成局部过热和其他故障，而且严重时会引发事故。

3. 处理方案

通过对该设备投运后第一次预试以及后期3次的缺陷监督试验，在2009年1月4日对该支套管进行了更换处理，重新滤油处理并验收试验合格后投运。

4. 标准引用

Q/GDW 1168—2013《输变电设备状态检修规程》5.1.2.1主变压器诊断试验，在怀疑绝缘受潮、劣化或者怀疑内部可能存在过热、局部放电等缺陷时进行绝缘油油质和色谱分析。（备注：微水，10.9mg/L）

二、火花放电

火花放电又称低能量放电，是一种间歇性的放电故障，在变压器、互感器、套管中均有发生。如铁芯片间、铁芯接地片接触不良造成的悬浮位放电；分接开关拔叉悬浮电位放电。电力变压器的低能量放电主要是因为接触不良形成不同电位或悬浮电位，引发的火花放电或者电弧，常发生在屏蔽环、绕组中相邻的线饼间或导体间，以及连接开焊处或铁芯的闭合回路中；也有发生在夹件间、套管与箱、壁、线圈与接地端的放电；木质绝缘块、绝缘构件胶合处，以及绕组垫块的沿面放电；油击穿、选择开关的切换。互感器的低能量放电主要有连接松动或者悬浮的金属带附近的火花放电，纸上的沿面放电，静电屏蔽中的电弧；电流互感器内部引线对外壳放电和一次线卷支持螺帽松动，造成线圈屏蔽铝箔悬浮电位放电等。套管中的低能量放电主要是电容末屏连接不良引起的火花放电，静电屏蔽连接线中的电弧，纸上的沿面放电。

火花放电产生的主要气体成分是 C_2H_2 和 H_2，其次是 CH_4 和 C_2H_4，但由于故障能量较小，总烃一般不会高。

一般来说，火花放电不致很快引起绝缘击穿，主要反映在油色谱分析异常、局部放电量增加或轻瓦斯保护动作，比较容易被发现和处理，但对其发展程度应引起足够的认识和注意。

【案例 2-2】

故障类别： 火花放电故障。

案例描述： 2008 年 9 月 3 日，某单位严格按照公司"5.12"大地震后相关文件的要求开展地震灾区设备的检查工作。对 220kV 某站进行停电预试，在对该站 265 开关 TA 的油样进行色谱分析工作中发现 265 开关 TA A、B、C 相均存在 C_2H_2，含量分别为：$0.4\mu L/L$、$0.3\mu L/L$、$0.4\mu L/L$。9 月 4 日，某单位对 265 开关 TA 进行了复取，复取测试结果与 9 月 3 日数据基本一致。并且，在 9 月 4 日该站 266 开关 TA 的预试工作中，某单位发现 266 开关 TA A、B、C 相也均存在 C_2H_2，且分别达到 $0.3\mu L/L$、$0.2\mu L/L$、$0.8\mu L/L$。9 月 5 日，对该站 220kV 电流互感器全部取油样进行色谱分析，并对 266C 相开关 TA 进行复取。分析发现，266C 相开关 TA 色谱数据与 9 月 4 日数据基本一致，并且发现 267A 相开关 TA 和 263C 相开关 TA 均存在 C_2H_2，分别为：$0.6\mu L/L$、$0.1\mu L/L$。由于 263 和 267 开关 TA 上次预试（2008 年 1 月和 2008 年 3 月）中均未发现 C_2H_2。

对该设备进行色谱微水分析，见表 2-2。

表 2-2   案例 2-2 色谱微水分析

设备	试验日期	脱气量（mL）	H_2（$\mu L/L$）	CO（$\mu L/L$）	CO_2（$\mu L/L$）	CH_4（$\mu L/L$）	C_2H_4（$\mu L/L$）	C_2H_6（$\mu L/L$）	C_2H_2（$\mu L/L$）	总烃（$\mu L/L$）	结论
265TA A	05.1.6	5.2	46.9	85.6	652.9	2.7	0.1	1.4	未检出	4.2	正常
	08.9.4	4.8	50.8	178.3	1514.3	3.3	0.2	1.0	0.3	4.8	有 C_2H_2
	08.9.18	5.0	52.1	181.0	1512.0	3.6	0.3	1.3	0.27	5.4	有 C_2H_2
	08.9.28	5.5	51.1	199.3	1742.4	3.3	0.2	1.2	0.28	5.0	有 C_2H_2
	08.10.29	6.7	52.0	178.0	1464.9	3.6	0.4	1.9	0.3	6.2	有 C_2H_2
	09.4.10	4.8	50.8	182.4	1497.7	3.4	0.2	1.2	0.2	5.0	有 C_2H_2
265TA B	05.1.6	5.4	46.2	93.6	645.1	2.5	0.1	2.0	未检出	4.6	正常
	08.9.4	4.4	50.9	189.6	1637.7	4.0	0.2	1.4	0.3	5.9	有 C_2H_2
	08.9.18	6.6	52.1	199.0	1630.9	4.0	0.2	1.4	0.26	5.9	有 C_2H_2
	08.9.28	5.0	34.5	180.5	1561.4	2.9	0.2	0.5	0.2	3.8	有 C_2H_2
	08.10.29	5.6	51.4	187.2	1566.7	4.4	0.2	1.7	0.2	6.5	有 C_2H_2
	09.4.10	4.4	47.9	202.3	1718.4	4.2	0.2	1.4	0.2	6.0	有 C_2H_2
265TA C	05.1.6	4.0	45.6	94.2	488.7	1.8	0.2	1.3	未检出	3.3	正常
	08.9.4	3.6	48.6	181.6	1089.0	2.9	0.2	1.2	0.4	4.7	有 C_2H_2

设备	试验日期	脱气量 (mL)	H_2 (μL/L)	CO (μL/L)	CO_2 (μL/L)	CH_4 (μL/L)	C_2H_4 (μL/L)	C_2H_6 (μL/L)	C_2H_2 (μL/L)	总烃 (μL/L)	结论
	08.9.18	7.0	50.2	189.8	1108.4	3.0	0.2	1.3	0.3	4.8	有 C_2H_2
	08.9.28	5.2	48.9	195.5	1241.4	3.2	0.2	1.0	0.3	4.7	有 C_2H_2
	08.10.29	4.8	49.8	186.3	1064.8	3.2	0.2	1.2	0.3	4.9	有 C_2H_2
	09.4.10	4.3	51.3	194.6	1069.7	3.2	0.3	2.0	0.3	5.8	有 C_2H_2
263TA C	08.1.7	4.2	28.0	165.5	514.0	3.0	0.2	0.5	未检出	4.0	正常
	08.9.5	5.4	30.4	205.4	609.2	3.8	0.2	1.0	0.13	5.1	有 C_2H_2
	11.4.12	2.8	27.5	225.8	700.7	3.8	0.27	2.1	0.09	6.3	有 C_2H_2
267TA A	08.3.3	4.7	41.3	214.2	1405.8	3.0	0.2	0.6	未检出	3.8	正常
	08.9.5	5.2	38.0	233.1	1893.3	2.9	0.3	0.9	0.6	4.7	有 C_2H_2
	08.9.10	4.0	41.2	227.7	1682.9	3.0	0.3	0.6	0.5	4.4	有 C_2H_2
	08.9.18	7.0	43.1	228.6	1697.2	3.5	0.3	1.8	0.5	6.1	有 C_2H_2
更换	08.10.13	5.8	52.3	238.5	1936.7	4.5	0.3	4.1	未检出	8.9	正常
266TA A	05.1.17	4.5	40.8	103.6	711.6	2.5	0.1	0.2	未检出	2.8	正常
	08.9.4	4.2	45.5	240.2	1859.0	3.2	0.3	1.4	0.3	5.2	有 C_2H_2
	08.9.18	6.9	50.3	254.5	2065.8	3.4	0.2	0.8	0.3	4.7	有 C_2H_2
	08.9.28	4.2	40.8	210.3	1893.8	3.2	0.2	0.7	0.2	4.2	有 C_2H_2
	08.10.29	6.9	46.1	236.8	1980.9	3.5	0.2	0.8	0.2	4.7	有 C_2H_2
266TA B	05.1.17		39.0	109.7	863.3	2.5	0.1	0.2	未检出	2.8	正常
	08.9.4	3.8	49.5	210.9	1766.1	3.4	0.3	0.6	0.2	4.5	有 C_2H_2
	08.9.18	4.7	42.7	222.0	1627.0	3.3	0.3	0.6	0.2	4.4	有 C_2H_2
	08.9.28	5.8	38.9	199.6	1580.6	3.0	0.2	0.5	0.25	3.95	有 C_2H_2
	08.10.29	5.3	41.9	214.9	1640.8	3.5	0.2	0.6	0.2	4.5	有 C_2H_2
266TA C	05.1.17	4.6	48.6	82.5	623.8	2.9	0.2	0.9	未检出	4.0	正常
	08.9.4	4.0	54.3	178.3	1529.2	4.2	0.6	3.9	0.8	9.5	有 C_2H_2
	08.9.5	6.2	43.6	168.2	1507.7	3.5	0.5	2.3	0.8	7.1	有 C_2H_2
	08.9.10	4.0	42.72	153.7	1345.8	3.1	0.4	0.6	0.8	7.9	有 C_2H_2
	08.9.18	6.0	50.9	171.5	1416.1	3.6	0.3	0.7	0.8	5.4	有 C_2H_2
	08.9.28	4.8	49.2	171.0	1471.8	3.4	0.3	0.6	0.8	5.1	有 C_2H_2
更换	08.10.13	5.2	85.5	242.3	2354.8	3.6	0.2	3.0	未检出	6.8	正常

1. 故障分析

从存在 C_2H_2 的 8 只电流互感器色谱数据中可以总结出，均为 C_2H_2 单独增长，因此，分析认为电流互感器存在悬浮放电和火花放电的可能性比较大。由于该 8 只 TA 均为同一个厂家生产的产品，因此，该单位工作人员怀疑该互感器厂生产的这批产品可能在结构上存在抗震的薄弱环节。

2．处理方案

为确保设备的安全运行，工作人员建议对该批次存在 C_2H_2 的电流互感器进行监督试验，如果色谱分析中 C_2H_2 含量不发生变化，建议对 C_2H_2 含量超过 $0.6\mu L/L$ 的电流互感器监督周期按 3 天、7 天、7 天、15 天、30 天进行；对 C_2H_2 含量小于 $0.6\mu L/L$ 的电流互感器监督周期按 7 天、15 天、30 天进行。如果色谱分析中 C_2H_2 含量发生变化，我们将缩短监督周期。同时，为保证电网的安全运行，对 C_2H_2 含量大于 $0.6\mu L/L$ 的电流互感器进行更换，重新滤油处理并验收试验合格后投运。

3．标准引用

Q/GDW 1168—2013《输变电设备状态检修规程》5.1.2.1 主变压器诊断试验，在怀疑绝缘受潮、劣化或者怀疑内部可能存在过热、局部放电等缺陷时进行绝缘油油质和色谱分析。

三、高能量放电

高能量放电又称电弧放电，在变压器、互感器、套管内都会发生。引起电弧放电故障的原因通常是线卷匝、层间绝缘击穿，过电压引起内部闪络，引线断裂引起的闪弧，分接开关飞弧和电容屏击穿等。

电力变压器中这种故障主要是由局部高能量或由短路造成的闪络、沿面放电或电弧；低压对地、接头之间、线圈之间、套管和箱体之间、铜排和箱体之间、绕组和铁芯之间的短路；环绕主磁通的两个邻近导体之间的放电；铁芯的绝缘螺丝、固定铁芯的金属环之间的放电。电容型互感器均压箔片之间的局部短路，局部高密度电流都能导致金属箔局部熔化；短路电流具有很大的破坏性，会造成设备击穿或爆炸。套管中的高能量放电主要是发生在电容均压金属箔片间的短路，局部高电流密度会熔化金属箔片，但不会导致套管爆炸。

这种故障的特征气体主要是 C_2H_2 和 H_2，其次是 C_2H_4 和 CH_4，如果涉及固体绝缘，瓦斯气和油中气的 CO 含量都比较高。出现电弧放电故障后，气体继电器中的氢气和乙炔等组分常高达每升几千微升，变压器油液炭化而变黑。

电弧放电故障产气急剧，能量密度高，固体绝缘材料、金属材料等将受到严重破坏，所产生的大量气体含有较多的可燃气体，若不及时处理，严重时会造成设备烧损，甚至发生爆炸事故。

【案例 2-3】

故障类别：高能量放电故障。

案例描述：2013 年 4 月 22 日，35kV 某站 1 号主变压器遭受雷击后进行色谱取样分析，发现 C_2H_2 $81.8\mu L/L$，总烃 $205.6\mu L/L$。5 月 14 日停电诊断试验，发现其主体电容量（高对低地）出现较明显变化。其后进行吊罩大修检查，发现其分接开关引线烧蚀断股的情况，对断股处打磨并采取细铜丝缠绕加固后，并用锡箔纸包覆，重新滤油处理并验收试验合格后投运。

1．色谱分析

对该设备进行色谱微水分析，见表 2-3。

表 2-3 案例 2-3 色谱微水分析

试验日期	脱气量（mL）	H_2（μL/L）	CO（μL/L）	CO_2（μL/L）	CH_4（μL/L）	C_2H_4（μL/L）	C_2H_6（μL/L）	C_2H_2（μL/L）	总烃（μL/L）	结论
2013.04.22	3.8	7.0	601.6	2223.0	59.8	60.2	3.8	81.8	205.6	$C_2H_2>5$ 总烃>150
2013.04.24	4.2	5.8	597.4	2247.6	58.7	59.7	3.0	79.9	201.3	$C_2H_2>5$ 总烃>150
2013.04.26	5.8	5.6	646.6	2165.8	58.5	58.6	3.7	77.7	198.5	$C_2H_2>5$ 总烃>150

2. 故障分析

从色谱分析来看，特征气体主要以 C_2H_2 为主，CH_4 和 C_2H_4 为次要增长组分，比较符合电弧放电的特征气体组成，三比值编码为 122，电弧放电及过热。电弧放电属于高能量放电，常见为匝间绝缘击穿、引线断裂、对地闪络以及分接开关飞弧等，伴有金属材料的变形或融化烧毁，结合运行情况，故障为雷击引起。

3. 处理方案

将故障相电流互感器进行解剖检查，发现吊罩大修检查，发现其分接开关引线烧蚀断股如图 2-1 所示。

综合判断此次故障是由于雷击引起分接开关引线烧蚀断股。对断股处打磨并采取细铜丝缠绕加固后，并用锡箔纸包覆，重新滤油处理并验收试验合格后投运。

4. 标准引用

Q/GDW 1168—2013《输变电设备状态检修规程》5.1.2.1 主变压器诊断试验，在

图 2-1 分接开关引线烧蚀断股

怀疑绝缘受潮、劣化或者怀疑内部可能存在过热、局部放电等缺陷时进行绝缘油油质和色谱分析。

四、过热

过热是指局部过热，又称热点，但它和变压器正常运行下的发热是有区别的。正常运行时，温度的热源来自绕组的铁芯，即所谓的铜损和铁损。由铜损和铁损转化而来的热量会使正常运行下的变压器油温升高。变压器的运行温度直接影响到绝缘的运行寿命，一般情况上层油温不大于 85℃，当温度每升高 8℃时，绝缘材料的使用寿命会减少一半。

电力变压器中的过热分为低温高热（$t<300℃$），主要是由于救急状态下的变压器超铭牌运行，绕组中油流被阻塞，铁轭夹件中的杂散磁通量。中温过热（$300℃<t<700℃$），主要由于螺栓连接处（特别是铝排）、滑动接触面、选择开关内的接触面（形成积碳），以及套管引线和电缆的连接接触不良；铁轭处夹件和螺栓之间、夹件和铁芯叠片之间的环流，接地线中的环流，以及磁屏蔽上的不良焊点和夹件的环流；绕组中，平行的相邻导体之间的绝缘磨损。高温过热（$t>700℃$），主要由油箱和铁芯上的大环

流，油箱壁未补偿的磁场过高形成一定的电流，铁芯叠片之间的短路。

过热性故障占变压器故障的比例很大，危害性虽然不像放电性故障严重，但发展的后果往往不好。存在于固体绝缘的热点会引起绝缘劣化与热解，对绝缘危害较大。热点常会从低温逐步发展为高温，甚至会迅速发展为电弧性热点而造成设备损坏事故。一些裸金属热点也常发生烧坏铁芯、螺栓等部件，严重时也会造成设备损坏。将变压器内发生过热性故障的原因和部位可分为三种：

（1）触点接触不良，如引线连接不良、分接开关接触不紧、导体接头焊接不良等。

（2）磁路故障，铁芯两点或多点接地、铁芯片间短路、铁芯被异物短路、铁芯与穿芯螺钉短路，漏磁引起的邮箱、夹件、压环等局部过热等。

（3）导体故障，部分线圈短路或不同电压比并列运行引起的循环电流发热，导体超负荷过流发热，绝缘膨胀、油道堵塞而引起的散热不良。互感器的典型过热性故障主要是 X-蜡的污染、受潮或错误低选择绝缘材料而引发的纸介质过高，从而导致纸绝缘中产生环流并造成绝缘过热或热崩溃；也有连接点接触不良或焊接不良，铁磁谐振造成电磁互感器过热，铁芯片边缘上环流引起的过热等。套管的过热性故障（$300℃ < t < 700℃$）主要是由于污染或绝缘材料选择不合理引起的高介损从而造成纸绝缘中的环流并造成热崩溃；套管屏蔽间或高压引线接触不良，温度由套管内的导体传出。

过热故障产生气体的特征如下：

（1）热点只影响到绝缘油的分解而不涉及固体绝缘的裸金属过热性故障时，产生的气体主要是低分子烃类气体多，其中 CH_4 与 C_2H_4 是特征气体，一般二者之和常占总烃的 80% 以上。当故障点温度较低时，CH_4 占的比例大，随着热点温度的升高（500℃以上），C_2H_4、H_2 组分急剧增加，比例增大。当严重过热（800℃以上）时，也会产生少量 C_2H_2，但其最大含量不超过 C_2H_4 量的 10%。

（2）涉及固体绝缘的过热性故障时，除产生上述的低分子烃类气体外，还产生较多的 CO、CO_2。随着温度的升高，CO、CO_2 比值逐渐增大。对于只限于局部油道堵塞或散热不良的过热过故障，由于过热温度较低，且过热面积较大，此时对绝缘油的热解作用不大，因而低分子烃类气体不一定多。

过热故障可加速绝缘物的老化、分解，产生各种气体。裸金属热点的危害较大，可使热点附近的金属部件烧坏，严重时将造成设备的损坏；虽然过热故障危害不如放电故障严重，但低温热点往往会发展成高温热点，使热点附近的绝缘物被破坏并导致故障扩大。

【案例 2-4】

故障类别：过热故障。

案例描述：2018 年 6 月 12 日，某单位在对 220kV 某站进行停电预试时，通过色谱分析发现该站 1 号主变 110kV 套管 A 相新出现乙炔 1.4μL/L，乙烯从 47.8 涨到 191.2，三比值编码 022 属于典型的高于 700℃的高温过热，因而立即向上级部门提出更换套管的检修建议，上级部门也于 6 月 15 日对该套管进行了更换处理。

1. 色谱分析

对该设备进行色谱分析，见表 2-4。

表 2-4　　　　　　　　　　　　　　　　案例 2-4 色谱分析

试验日期	脱气量（mL）	H_2（μL/L）	CO（μL/L）	CO_2（μL/L）	CH_4（μL/L）	C_2H_4（μL/L）	C_2H_6（μL/L）	C_2H_2（μL/L）	总烃（μL/L）	结论
1999.7.23	4.3	38.4	175.8	521.7	3.6	1.8	未检出	未检出	5.4	正常
2003.4.8	4.0	30.3	730.5	3834.7	9.2	1.2	2.1	未检出	12.5	正常
2005.1.21	6.0	106.3	1059.0	3563.1	13.7	1.9	3.6	未检出	19.1	正常
2013.3.27	5.6	101.9	1018.8	2588.4	2.6	47.8	1.5	未检出	51.9	正常
2018.6.12	6.9	5.4	804.2	6511.2	8.7	191.2	2.2	1.4	203.2	有 C_2H_2
2018.6.15	4.0	3.1	70.3	40.1	1.5	0.1	0.4	未检出	2.0	正常

2. 故障分析

按照现有试验规程和判断导则，套管的典型过热故障特征一般为 300~700℃的中温过热，但特征气体为 CH_4、C_2H_2、H_2，未对套管总烃和 C_2H_4 进行注意值规定。鉴于该套管新出现 C_2H_2 1.4μL/L 超过注意值，C_2H_4 上涨较快，绝对值较高，且横向比较 B、C 两相套管 C_2H_4 分别为 3.5、2.8μL/L，存在一定异常情况，参考主变压器计算三比值为 022，高温过热，CH_4 和 C_2H_4 总和占到总烃 98%以上，且 C_2H_4 为主要成分，属于偏高温的过热类型。

3. 处理方案

直接更换套管，验收试验合格后投运。

4. 标准引用

（1）GB/T 7252—2001 变压器油中溶解气体分析和判断导则（先用标准）。

（2）状态检修要求，引用【川状态检修试验规程实施细则】2009 发。

（3）Q/GDW 1168—2013《输变电设备状态检修规程》5.1.2.1 主变诊断试验，在怀疑绝缘受潮、劣化或者怀疑内部可能存在过热、局部放电等缺陷时进行绝缘油油质和色谱分析。

五、受潮

在设备内部进水受潮时，油中水分和带湿杂质易形成"小桥"，或者固体绝缘中含有的水分加上内部气隙的存在，共同加速绝缘老化过程，并在强烈局部放电作用下，放出 H_2。另外，水分在电场作用下发生电解作用，H_2O 与 Fe 又会发生化学反应，都可产生大量的 H_2。

电力变压器等设备内部进水受潮，如不及早发现与及时处理，后果也往往会发展成放电性故障，甚至造成设备损坏。

【案例 2-5】

故障类别：受潮故障。

案例描述：2011 年 8 月，某公司在对 110kV 某某站开展例行试验，色谱分析发现主变压器 H_2 超标，出现痕量乙炔，疑似受潮。由于涉及变压器大部分为蜀能变压器 2008 年至 2011 年产品，怀疑为设计缺陷，在变电检修工区检修专业进行现场停电诊断发现问题变压器储油柜上侧衬垫位置下移，存在受潮进水的情况，随即开展专项治理工作，分批次对同类型缺陷变压器进行停电诊断和返厂维修。

1. 色谱分析

对该设备进行色谱微水分析，该类型变压器投运后短时间内出现色谱异常，主要集中在室外变电站，见表2-5。

表2-5 案例2-5 色谱分析

取样说明	试验日期	脱气量（mL）	H_2（μL/L）	CO（μL/L）	CO_2（μL/L）	CH_4（μL/L）	C_2H_4（μL/L）	C_2H_6（μL/L）	C_2H_2（μL/L）	总烃（μL/L）	微水（mg/L）	结论
验收	2011.03.27	2.7	未检出	14.4	199.2	0.5	未检出	未检出	未检出	0.5	—	正常
高试后	2011.04.02	1.4	1.0	3.5	111.8	0.2	未检出	未检出	未检出	0.2	6.1	正常
中部	2011.08.19	4.0	376.9	289.8	740.4	17.1	1.0	2.4	未检出	20.5	12.4	H_2>150
下部	2011.08.19	3.5	403.3	306.2	744.4	17.7	1.0	2.6	未检出	21.3	11.8	H_2>150
中部	2011.08.22	3.9	388.6	294.0	700.0	17.8	1.0	2.3	未检出	21.1	10.0	H_2>150
下部	2011.08.22	3.2	401.0	295.5	704.3	18.4	1.0	2.4	未检出	21.8	8.4	H_2>150
中部	2011.08.26	2.8	385.0	324.2	780.8	17.9	1.0	2.5	未检出	21.4	6.4	H_2>150
下部	2011.08.26	3.6	402.7	325.8	768.1	17.9	1.0	2.5	未检出	21.4	9.5	H_2>150
中部	2011.08.31	1.8	345.9	297.3	703.0	16.7	1.0	2.4	未检出	20.1	6.4	H_2>150
下部	2011.08.31	2.4	370.6	316.9	796.6	18.3	1.0	2.6	未检出	21.9	10.1	H_2>150
中部	2011.9.8	3.1	408.0	322.1	725.0	19.0	1.0	2.6	未检出	22.6	4.3	H_2>150
下部	2011.9.8	2.3	417.4	329.6	744.0	19.5	1.0	2.8	未检出	23.3	3.9	H_2>150
处理后	2011.09.20	5.6	未检出	15.2	123.7	0.4	0.1	未检出	未检出	0.5	—	正常

2. 故障分析

色谱特征气体表现为H_2增长异常，短时间内超过注意值，部分主变压器出现痕量乙炔。三比值编码为010，表征为高湿度、高含气量引起的油中低能量密度的局部放电。虽然微量水分测试正常，但是鉴于微量水分反应的是油中微水，固体绝缘材料容纳水的能力远大于油，目前色谱分析中氢气上涨幅度大，速度快，不排除绝缘受潮的可能。

3. 处理方案

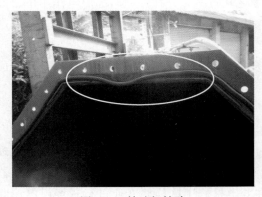

图2-2 储油柜缺陷

2011年起，某公司变电检修工区对受潮变压器逐步进行停电检修，发现问题变压器储油柜上侧衬垫位置下移，存在受潮进水的情况，如图2-2所示。

此次故障是由于变压器储油柜设计缺陷引起的，该公司在2013年6月30日前对相关变压器安排停电，完成变压器储油柜结构的排查整改，对存在问题的储油柜加装内挡条，更换密封胶垫，并按工艺检查恢复油枕密封，防止假油位、阀门关闭等隐患发生。

4. 标准引用

Q/GDW 1168—2013《输变电设备状态检修规程》5.1.2.1 主变诊断试验，在怀疑绝缘受潮、劣化或者怀疑内部可能存在过热、局部放电等缺陷时进行绝缘油油质和色谱分析。

【案例 2-6】

故障类别： 受潮故障。

案例描述： 2013 年 8 月 5 日，某公司化学专业在对传奇套管的专项排查中，发现 1 号主变压器 220kV 侧套管 0 相螺纹并未紧固，用手可以直接松动。进行微水测试，测试值高达 34.1mg/L，非常接近注意值 35mg/L。随机对该套管进行返厂，发现该套管严重受潮。

1. 现场检查

取样过程中，发现 1 号主变压器 220kV 侧套管 0 相螺纹并未紧固，用手可以直接松动，如图 2-3 所示。

2. 微水分析

该套管色谱分析正常，微量水分测试如下，达到了 34.1mg/L。

3. 故障分析

虽然套管微水注意值为 35mg/L，但是在运行中套管通常微水测试值集中在 10～20mg/L，受潮可能性极大。

4. 处理方案

此次故障是由于传奇密封性套管顶部螺栓未拧紧，设计位置容易积水导致雨水进入设备引起受潮。该套管为密封

图 2-3　末屏引出线位置

性免维护套管，状态检修例行试验亦不要求进行油化分析，在正常例行试验中难以发现该情况。由于 2013 年该公司对密封性套管进行专项排查，才发现了该缺陷，目前该公司对运行中的套管例行试验增加了色谱分析和微量水分分析，加强设备状态管控。

5. 标准引用

Q/GDW 1168—2013《输变电设备状态检修规程》5.1.2.1 主变诊断试验，在怀疑绝缘受潮、劣化或者怀疑内部可能存在过热、局部放电等缺陷时进行绝缘油油质和色谱分析。

⚡ 第二节　含气量测试与故障分析

变压器油中含气量是反映变压器油电气性能的重要指标之一，是 330kV 及以上电压等级变压器的必检项目。含气量的多与少直接影响变压器的绝缘性能。当变压器投入运行时，变压器油中溶入过多的气体会逐步排出并集中到气体继电器中，而发生误动作。为了确保变压器的安全可靠运行，检测变压器油中气体组分总含量对超高压设备监督工作是十分必要的，应严格按照相关规程要求，加强对绝缘油的色谱分析，积极开展油务

监督的定期工作，保证变压器油的品质。

一、变压器油含气量

变压器油中含气量是指溶解在绝缘油中的气体总含量，包括氧气、氮气、烃类气体、一氧化碳和二氧化碳等。气体在油中的溶解量不是一个常数值，在常温、常压下油中溶解空气的量约为 10%，其主要成分是空气中的氧气和氮气。

变压器油含气量的大小将直接影响变压器的绝缘性能，对含气量进行有效测定和可靠评价就显得尤为重要。《运行中变压器油质量》（GB/T 7595—2017）规定 500kV 变压器投运前绝缘油含气量不大于 1%、运行中不大于 3%，检测周期为每年 1 次。从当前国内所采用的真空脱气装置来看，投入运行前油中含气量控制在 1% 以内是比较容易做到的，运行油中含气量与设备的整体密封性能有很大的关系，如胶囊式变压器对油的保护体系完善，密封程度好，运行中油的含气量可控制在规程要求的 3% 以内，否则油中含气量会随着时间的增加而不断增大，直到饱和状态。

在高压电力设备的事故中，几乎大多数事故都能从绝缘油直接或间接地反映出来。人们可以通过对绝缘油的分析，来对重要的电力设备进行维护和监督。一般来说，油中溶解气体在电场作用下，只要不形成气泡，就不会降低油品的绝缘强度。但是变压器在运行过程中，由于油温、油压、油流等因素的变化，溶解于油中的气体会释放出来并形成气泡，气泡因被拉长而极化，极易发生气体碰撞游离，聚集在绝缘纸层内或表面时容易产生局部放电，导致变压器主绝缘击穿，危及设备的安全运行，因而必须严格控制超高压设备油中气体含量。

二、油中含气量异常的危害

变压器绝缘油中溶解气体应来自两个方面：一是由于变压器内部过热或火花放电故障所产生的气体；二是来自于外部的气体侵入。变压器油主要有绝缘作用、散热作用和消弧作用，气体的溶解会改变油的物理性能、化学性能和电气性能，油中溶解的氧气是变压器油氧化、老化的直接因素，油中的含气量若异常主要有以下三个危害：

1. 降低绝缘强度

油中气泡对设备的绝缘强度的影响，其危害随电压等级的升高而升高。气体在油中的溶解度具有饱和临界值，在 25℃和一个大气压下，可溶解 10.8%（体积）的空气。当小气泡附着在绕组表面逐渐形成大气泡而突然向上浮动时，经高电场区域，可能引起局部放电，并且含气的油在发生局部放电时还会产生二次气泡，进一步危害绝缘，甚至发生闪络。

2. 加速绝缘老化

绝缘油在温度的作用下，如果在接触空气中的氧气，会发生热（氧）老化。老化的结果除产生水之外，还生成酸和油泥等。油泥沉积在绕组和铁芯等的表面，会影响冷却效果、也会降低绝缘强度。

3. 导致气体继电器动作

若油中的含气量高，一旦温度和压力变化，将使气体逸出，导致气体继电器动作报警，严重时可造成主变压器、断路器跳闸。因此，许多国家为保证变压器绝缘的可靠性，对新注入设备的油和运行油中的含气量，都制订了具体的数量标准，并研究了多种变压器油含气量的检测方法。

三、含气量检测方法

由于变压器用绝缘油对含气量有具体的控制指标，国内外相继开展了含气量测试技术研究。目前国内有多种含气量测试方法如：气相色谱法、二氧化碳洗脱法、真空压差法、振荡脱气法等。其中，前三种方法已经有了相应的电力行业标准，每种方法都各有其适用范围和各自的优缺点，二氧化碳洗脱法不适用于可与氢氧化钾溶液发生化学反应的酸性气体含量的测试；真空压差法虽然准确，但所需要的仪器复杂，操作繁琐，结果需人工计算，不适合于较多油样的测试；真空脱气法能保证高真空度和良好的密封性，但精密度不高；振荡脱气法还没有相应的标准。

以下简要介绍了其中两种方法。

1. 气相色谱法

气相色谱法是利用样品各组分在流动相和固定相中吸附力或溶解度的不同，当两相作相对运动时，样品各组分在两相间进行反复多次的分配，不同分配系数的组分在色谱柱中的运动速度就不同，滞留时间也就不一样。这样，当流经一定柱长后，样品中各组分得到分离，当分离后的各个组分流出色谱柱而进入仪器时，记录仪就记录出各个组分的色谱峰。采用气相色谱法测油中总含气量方法简单、方便、易操作，测的数据准确、可靠，油中各种组分就能真实地被测定出来，为分析、判断设备是否正常提供了可靠的依据。

2. 简易测试含气量法

山东电力研究院研制出了一种简易测试含气量的方法，其具体做法是：在100mL的注射器中，取50mL油，注5.0mL空气，常温下在振荡仪中振荡20min，静置10min，然后取出振荡后的注射器，根据剩余气体的多少，用1~5mL的注射器取出剩余气体，准确读出其体积，计算油品的含气量公式如下：

$$\phi = \frac{V_h}{50} \times \frac{P}{101.3} \times \frac{293}{273+t} \times 100\%$$

式中　V_h——剩余气体的体积，mL；

　　　P——大气压力，kPa；

　　　t——室温，℃；

　　　ϕ——含气量百分比。

该测试方法的理论基础是常温下矿物绝缘油中溶解气体的饱和含量为10%，一般情况下油中溶解性气体都没有达到饱和，当将5.0mL空气注入50mL油中时，理论上震荡后空气应该完全溶解以达到饱和，剩余的气体就是油中的含气量。该方法的优点是：各发、供电单位不需添置新设备，且操作环节少，测试简单快速，实验环境对测试结果的影响小，但该方法只是一种近似测定法。

国外主要采用气相色谱法进行含气量的测定，特别是欧、美地区许多国家，以及日本等国针对真空脱气法的结构和操作进行了许多改进，国外的真空压差法制作工艺较好，不漏气，真空度可达0.1333Pa，目前国内尚难实现。因此，在目前国内仪器制作工艺还存在缺陷的情况下，为了满足电网500kV变压器调试和运行的含气量测试需要，有必要研究一种比较简便、测定准确且易于普及推广的测定方法。

四、含气量检测及分析

以气相色谱法为例：

油中气体的浓度（一般计 O_2、N_2、CO、CO_2）计算公式如下：

$$\phi_i = 0.879 \times \frac{P}{101.3} \times \phi_{si} \times \frac{\overline{h_i}}{\overline{h_{si}}} \left(K + \frac{V_g}{V_L} \right)$$

式中 ϕ_i——油中溶解气体 i 组分的浓度，$\mu L/L$；

0.879——温度校正系数；

101.3——标准大气压力，kPa；

P——试验时的大气压力，kPa；

ϕ_{si}——标准气体中 i 组分的浓度，$\mu L/L$；

h_i——油样气体中 i 组分的平均峰高，mm；

h_{si}——标准气体中 i 组分的平均峰高，mm；

V_g——50℃时试验压力下平衡气体体积，mL；

V_L——50℃ 时所取油样体积，mL。

试验压力下平衡气体 V_g 和试油 V_L 应分别校正为50℃、试验压力下的体积。计算油中含气量计算公式如下：

$$\phi = \sum_{i-1}^{n} \phi_i \times 10^{-4}$$

式中 ϕ——油中含气量，%；

n——油中溶解气体组分个数，一般指 O_2、N_2、CO、CO_2 4 个组分。

运行设备油中的含气量在达到饱和之前，总是呈上升趋势的，只不过有的设备油中气量上升快，有的上升慢而已。因而，如在运行过程中不对绝缘油进行真空脱气，油中含气量很容易超过 3% 的控制标准。对 500kV 设备测试含气量超标的事实也证明，运行设备油中含气量控制在 3% 之内是非常困难的。

为了确保设备的安全可靠运行，检测油中气体组分总含量对超高压设备监督工作是十分必要的，可以为分析、判断设备是否正常提供可靠的依据。油中含气量出现异常的情况比较复杂，根据经验含气量异常可能是由以下几种原因引起的：

（1）电器设备在安装或维修的过程中绝缘材料吸附了部分大气中的空气。

（2）设备在安装过程中变压器油箱的抽真空时间不够，箱体中就可能有残留气体。

（3）由于设备制造、安装的质量问题引起设备密封不严，运行中渗入空气。

（4）设备运行过程中绝缘材料老化、裂化及故障情况下产生气体。

（5）变压器在运行中是靠循环的变压器油来冷却，油分子间的长期碰撞，产生微小气泡，变压器油在电场和热的作用下或受潮时也会产生气体。生产中可以采取一些措施来进行防范，如：变压器在首次注油前，先对变压器本体进行较长一段时间抽真空，提高热油循环时的油温和真空度，使得气体膨胀与排出的速度加快。在变压器静置时，储油箱顶适当通氮进行排气，有一定的辅助作用。同时应严格按照监督管理制度的要求，积极开展油务监督的定期工作，加强对绝缘油的色谱分析，尤其是对异常设备的异常现象和指标及时跟踪分析和查明原因。

变压器油含气量的控制对确保设备的安装质量和设备的安全投运非常重要，投入运行前油中含气量控制在 1% 以内是比较容易做到的，但在设备运行中将变压器油含气量控制在 3% 以内是比较困难的，根据实际情况将含气量控制在 5% 以内，就可以认为满足生产要求。

现有的测量方法都有一定的局限性，要根据实际情况，选用简易、有效、可靠的测量方法。为了安全生产，可以采取检查系统的真空度、机组检修时滤油等防范措施来避免含气量异常情况的发生。

⚡ 第三节　油中溶解气体测试与故障分析

预测运行变压器等充油电气设备内部故障，对于安全发供电，防事故于未然是极其重要的，经长期的实践证明，在所有绝缘监督手段中，利用油中溶解气体色谱分析结果，诊断变压器等充油电气设备故障是最有效、最灵敏的方法，该项技术经过多年的发展已趋于成熟，在世界上已得到广泛的应用和重视，是日常绝缘监督中不可缺少的工具。

一、油中溶解气体色谱分析法

气相色谱法是一种以气体为流动相（载气），采用冲洗法的柱色谱分离技术。该技术的一般流程主要包括：载气系统、色谱柱和检测器三个部分。气相色谱仪是完成气相色谱法的工具，从仪器构件说，基本可归属为气路系统和电路系统两个部分，气路系统由载气及其所流经的部件所组成，其主要部件有：减压阀、净化器、温流阀、压力表、六通阀、净化器、色谱柱、转化炉和检测器等；电路系统由电源、温度控制器、热导控制器、微电流放大器、记录仪、数据处理装置等组成。如果按仪器构件工作性质说，一台仪器主要由分析单元、记录（或数据处理）单元两部分组成。各个单元大都各自构成一件，分析单元即仪器主机，它包括气路系统、进样系统、层析室、色谱柱、转化炉和检测器等，其中色谱柱和检测器是色谱仪的两个关键部分。

（一）检测器

检测器又称鉴定器，它是一种用于测量色谱流程中柱后流出物组成变化和浓度变化的装置。检测器一般分为积分型和微分型两大类。其中微分型检测器又分为浓度检测器和质量型检测器两类。浓度检测器测量的是载气中组分浓度瞬间的变化，即其响应值取决于载气中组分的浓度，例如，热导检测和电子捕获检测器等；质量型检测器则是检测载气中所携带的样品组分进入检测器的速度变化，即其响应值决定于单位时间内组分进入检测器的质量，例如，氢焰检测器和火焰光度检测器等。热导检测器和氢焰检测器是我们常用的两种检测器，试验中对检测器总的要求如下：

（1）灵敏度高、线性范围宽。

（2）工作性能稳定、重现性好。

（3）对操作条件变化不敏感，噪声小。

（4）死体积小、响应快、响应时间一般应小于 1s。

灵敏度又称响应值、应答值。它指单位量的物质通过检测器时所产生信号的大小，是检测器的性能指标。

浓度型检测器灵敏度计算公式如下：$S_C = AC_1C_2F/W = hY_{1/2}F/W$

质量型检测器灵敏度计算如下：$S_m = 60AC_1C_2/W = 60hY_{1/2}/W$

式中 S_C——浓度型检测器灵敏度，当样品是液体时，进样量单位用 mg，则灵敏度（S_g）单位为 mV·mL/mg，即每毫升载气中含有 1mg 样品通过检测器时所产生信号的毫伏数；当样品是气体时，进样量单位用 ml，则灵敏度（S_v）单位 mV·mL/mL，即每毫升载气中含有 1ml 气体样品通过检测器所产生信号的毫伏数；

　　S_m——质量型检测器灵敏度，mV·s/g，即每秒钟有一克样品通过检测器时所产生信号的毫伏数；

　　A——色谱峰面积，cm^2；

　　C_1——记录纸单位宽度所代表的毫伏数，mV/cm；

　　C_2——记录纸速度的倒数，min/cm；

　　F——室温、常压下柱出口载气流速，mL/min；

　　W——进样量，mg 或 mL；

　　h——色谱峰高，mV；

　　$Y_{1/2}$——色谱半高处的宽度，min。

敏感度（D）又称检测极限，指对检测器恰好产生能够鉴别的信号即二倍噪声信号（峰高 mV）时，单位时间（s）或单位体积（ml）Y 引入检测器的最小物质质量。计算公式如下：

$$D = 2N/Y$$

式中 $2N$——总机噪声，mV，浓度型检测器（D_C）为 mg/ml 或 mL/ml，质量型检测器（D_m）为 g/s；

　　Y——单位时间或单位体积，s 或 mL。

最小检测量（W^O）是指使检测器恰好能产生大于二倍噪声的色谱峰高的进样量。

浓度型检测器 $W_c^O = 1.603FY_{1/2}D_C$

质量型检测器 $W_m^O = 60Y_{1/2}D_m$

式中，W_c^O 单位为 mg 或 mL，W_m^O 单位为 g。

最小检测浓度是指最小检测量（W^O）和进样量（V_0）的比值，亦即在一定进样量时色谱仪所能检知的最低浓度，单位通常以 mg/kg 或 μL/L 表示，$C_c^O = W_c^O/V_0$ 或 $C_m^O = W_m^O/W_0$。

从物理意义上讲，敏感度只与检测器性能有关，而最小检测量不仅和检测器性质有关，而且和色谱峰的区域宽度成正比，即色谱峰越窄则色谱分析的最小检测量就越小。因而敏感度和最小检测量的实际含义不相同，其量纲单位也不相同，应注意不要将两者混淆。最小检测浓度除了和检测器的敏感度、色谱峰宽度成正比外，还和色谱柱允许的进样量有关，进样量越大，则检测的最小浓度就越低。

噪声（N）指没有给定样品通过检测器而由仪器本身和工作条件所造成的基线起伏信号，常以 mV 表示。

漂移（R_d）指在单位时间内，无给定样品通过检测器而由仪器本身和工作条件所造成的基线单向偏移，常以 mV/h 表示。

线性范围指检测器的响应信号与物质浓度之间呈线性关系的范围，以呈线性响应的样品浓度的上下限之比值表示。

（二）热导检测器（TCD）

热导检测器是气相色谱法应用最广泛的一种检测器。它不论对有机物还是无机物均有影响，且具有结构简单、稳定性好、线性范围宽、操作方便、不破坏样品等特点。

热导检测器的最小检测量可达 10^{-8}g，线性范围约为 10^5。

热导检测器是根据载气中混入其他气态的物质时热导率发生变化的原理而制成的。

（三）氢焰检测器（FID）

氢焰检测器是氢火焰离子化检测器的简称。它主要广泛用于含碳有机化合物的分析，它对非烃类气体或在氢火焰中难于电离的物质无响应或者响应低，故不适于直接分析这些物质，必要时可通过化学转化法对其进行分析。

氢焰检测器具有灵敏度高、死体积小、响应时间快、线性范围广等优点，其最小检测量可达 10^{-12}g，线性范围约为 10^7。

氢焰检测器是根据气相色谱流出物中可燃性有机物在氢—氧火焰中发生电离的原理而制成的。

（四）色谱固定相及填充色谱柱

色谱柱可视为气相色谱仪的心脏，其选择是确定分析方法的一个重要步骤。分析样品对象主要是永久性气体和气态烃类气体，色谱固定相一般都使用固体固定相。固体固定相可分为固体吸附剂和合成的高分子多孔小球两类。有时使用单一固定相达不到理想分离要求时，可使用不同固定相做成的混合固定相。

常用固定相吸附剂主要由分子筛、硅胶、炭类吸附剂和高分子多孔小球等，其主要共同特点是：有较大的比表面积，较好的选择性，良好的热稳定性，使用方便等。

（五）色谱固定相及填充色谱柱

色谱仪常用的载气有：N_2、H_2、He 和 Ar 等，常用的辅助气体是空气和 H_2 等。这些高纯气体大多用高压瓶供给，当瓶装气源供应有困难时，可采用实验室用的气体发生器，如空气发生器、氢气发生器和氮气发生器等。各种气源在接入色谱仪前都应加装气体净化器，以除去可能含有的水分、油等杂质。

气路控制部件主要有减压阀、稳压阀、稳流阀、流量计。其他还包括作为进样装置的注射器、六通阀、气化器、甲烷化装置、电源、温度控制器、热导控制器、微电流放大器等电气控制组件；记录仪和色谱数据处理机等装置。

二、充油电气设备绝缘油中溶解气体分析与故障诊断

（一）绝缘油和纸（纸板）的产气原理

油纸绝缘材料的分解包括化学过程和物理过程。化学过程指的是油纸绝缘材料的裂解反应，物理过程指的是物质的传质过程。

1. 绝缘油的分解

绝缘油是由许多不同分子量的碳氢化合物分子组成的混合物，分子中含有 CH_3、CH_2 和 CH 化学基团并由 C–C 键链合在一起。由于电或热故障的结果可以使某些 C–H 键和 C–C 键断裂，伴随生成少量活泼的氢原子和不稳定的碳氢化合物的自由基如：CH_3^*、CH_2^* 和 CH^* 或 C^*（其中包括许多更复杂的形式）这些氢原子或自由基通过复杂的化学反应迅速重新化合，形成氢气和低分子烃类气体，如甲烷、乙烷、乙烯、乙炔等，也可能生成碳的固体颗粒及碳氢聚合物（X–蜡）。

2. 固体绝缘材料的分解

纸、层压板或木块等纤维素绝缘材料分子内含有大量的无水右旋糖环和弱的 C–O 键及葡萄糖甙键，它们的热稳定性比油中的 C–H 键要弱，即使没有达到故障温度，键也能被打开。聚合物裂解的有效温度高于 105℃，在 150℃ 以上，纤维素结构中的化学结合水开始被脱除，有去 H_2 反应。部分 H_2 与油中氧化合成水，导致进一步水解。完全裂解和碳化的温度高于 300℃，在生成水的同时生成大量的 CO、CO_2 和糠醛等呋喃化合物，大量烃类气体是伴随高温下油分解而产生的。

（二）气体的传质过程

电力变压器等充油设备在故障下产生的热解气体在其内部会有一个传质过程：包括气泡的运动、气体分子的扩散、溶解与交换，以及气体从油中分析出与向外逸散等过程。

1. 热解气体气泡的运动与交换

故障点产生的气泡会因浮力而作上升运动，在其运动过程中会与附近油中已溶解的气体发生交换，即气泡中溶解度大的气体组分发生交换。在这一过程中，故障热解气体大部分溶解于油，再经过油的扩散与对流，将热解气体分子传递至变压器油的各部分。热解气体溶解在油中的多少决定气泡的大小，运动的快慢，以及油内溶解气体的饱和程度等因素。气泡的运动与交换过程还使进入气体继电器气室的气体成分和实际故障源产生的气体在组成上发生变化。根据这一道理，可以帮助了解故障的性质与发展趋势，例如，配合气体继电器瓦斯分析诊断故障的性质等。

2. 热解气体的析出与逸散

当热解气体溶解于油达到饱和时，如果不向外逸散，在压力、温度变化条件下，饱和油内便会析出已溶解的热解气体而形成气泡。变压器在运行中，还会受到油的运动、机械振动以及电场的影响等作用，使气体在油中的饱和溶解度减小而析出气泡。

对于开放式油箱的变压器还存在气体从油面向外逸散的过程，其逸散速度与变压器运行温度变化幅度和频率有关，也与不同气体组分的性质有关，其中 H_2 与 CH_4 的逸散速度最快。

对于热解气体的逸散，在诊断变压器故障，特别是具有开放式油箱变压器的故障时应考虑进去，使诊断更加符合实际。

另外应注意，在设备内部高浓度的气体仅仅是瞬间存在：变压器内部上下油温的差别引起油的连续自然循环，即对流。对于强油循环的变压器，这种对流的速度更快。因此，故障点周围高浓度的气体仅仅是瞬间存在着的。同样，由于油枕的温度低于变压器本体油箱的温度会引起两者之间油的对流。其对流速率取决于变压器油箱与连接储油柜管道的尺寸及环境温度。它将气体从变压器油箱向储油柜及油面气相连续转移，从而造成气体损失。

（三）热解气体的隐藏与重现

固体绝缘材料对热解气体的吸附现象如下：

（1）油温在 80 ℃以下时，随着温度的降低，绝缘纸对 CO、CO_2 及烃类气体的吸附量会随之增加，使油中这些气体组分含量不断减少。

（2）油温>80 ℃后，吸附现象消失绝缘纸中吸附的气体又会重新释放出来。

因此，在对变压器故障的发展进行追踪观察时，应密切注意变压器的油温、负荷等运行状况，如遇油中气体含量变化异常，应考虑到热解气体的隐藏行为。

此外，热解气体含量在运行过程中的变化还可能受到油流循环，固体绝缘存留的残油（换油时），以及取样代表性等原因的影响。

三、运行中充油电气设备油中气体来源

（一）空气的溶解

一般变压器等充油设备油中溶解气体的主要成分是 O_2 和 N_2，它们都是来源于空气在油中的溶解。油中总含气量（主要是空气）与设备的密封方式、油的脱气程度等因素有关。一般开放式变压器油中总含气量为 10%左右；充氮保护的变压器油总含气量约为 6%~9%；隔膜密封的变压器则根据其注油、脱气方式与系统严密性而定，状况良好时，油中总含气量能维持低于 3%，一般情况为 3%~8% 。

此外，充油设备油中溶解气体的另一些组分如 CO_2、H_2 等，有时可能是空气或其他原因由外面带入的（如新装变压器在运输时充入 CO_2 未排除干净或充氮变压器 N_2 含污染杂质等）。

（二）非设备故障原因导致的故障气体来源

在某些情况下，故障不是设备造成的，例如，油中产生氢气（单氢高），可能是由于油中有水，可以和铁作用产生氢气；过热的铁芯层间油可膜破裂生成等；油在阳光的照射下可以生成某些气体；设备在检修时暴露在空气中的油可吸收空气中的 CO_2 等；另外，某些操作可能产生故障气体，例如，变压器有载开关油室的油向变压器主油箱中渗漏；设备曾经有过故障，故障排除后绝缘油未经彻底脱气，部分残余气体仍留在油或固体绝缘材料中；设备油箱带油补焊等。这些气体的存在，一般不会影响设备的正常运行。当利用气体分析结果确定设备内部是否存故障时，应注意加以区分。

（三）正常运行的产气

正常运行中的变压器油中除含有空气外，内部绝缘油和固体绝缘材料由于受到电场、热、湿度、氧气的作用，随运行时间而发生速度缓慢的老化现象，除产生一些非气态的劣化产物外，还会产生少量的 H_2、低分子烃类气体和碳的氧化物等。其中碳的氧化物（CO、CO_2）成分最多，其次是 H_2 和烃类气体。根据统计分析正常运行变压器中产生的气体存在以下现象：

（1）烃类气体。油中 C1～C2 总烃含量一般低于 150μL/L，但使用年久的变压器，C3～C4 烃类气体明显增多；一部分国外进口的变压器，投运不久即发现 C2～C3 烷烃含量很高。一部分国产变压器，有时还发现有痕量乙炔，有的甚至达几个 μL/L，但无明显增加趋势。

（2）氢。油中氢含量一般低于 150μL/L，但有的互感器和电容式套管，由于制造工艺不良或油质不稳定，氢含量高的现象时有发现。

（3）碳的氧化物。油中 CO、CO_2 含量与设备运行年限有关，例如，CO 产气速率，国外提出与运行年限关系的经验公式为：

$$CO(\mu L/L) = 374 \lg 4Y$$

式中，Y 为运行年限（年）。这一经验公式适用于一般密封式变压器。对于开放式国产变压器，一般 CO 含量多在 300μL/L 以下。对于电容式套管，因封闭严密，碳的氧化物往往较高。

CO_2 含量变化的规律性不强，除与运行年限有关外，还与变压器结构、绝缘材料性质、运行负荷以及油保护方式等都有密切关系。

（4）新投运的变压器，特别是国产变压器，由于制造工艺或所用绝缘材料材质等原因，运行初期往往有 H_2、CO 或 CO_2 增加较快的现象，但达到一定增长的极限含量后会逐渐降低。

在正常运行下，由于铜损和铁损转化而来的热量，使变压器油温升高。一般上层油温不大于 85℃。变压器的运行温度直接影响到绝缘材料的使用寿命。一般来说，每当温度升高 8℃ 时，绝缘材料的使用寿命就会减少一半。

变压器在投入运行前，就可能含有少量故障特征气体。许多新变压器（特别是中、小型变压器）投运前油中 H_2 含量较高（可高达 50μL/L，个别甚至更高），并在投运后逐步增长，一般以半年至一年达到最大值后才逐渐降低。这是制造过程中的残气在运行中逐渐释放于油中，使其浓度达到最大值之后，由于气体逸散损失而逐渐降低的缘故。

新变压器在 72h 试运行期内，油中特征气体含量大致与投运前相同。但某些变压器由于制造质量上的缺陷，在试运行期间就发生变压器爆炸的恶性事故。因此，新变压器投运前和试运行期间进行油中气体分析是很重要的。DL/T 722—2014《变压器油中溶解气体分析和判断导则》对出厂和新投运变压器和电抗器油中含气量提出了明确的要求，这是我们监视出厂和新投运设备内部状况的重要依据。

运行半年以下的变压器油中烃类气体一般无明显增长，但氢和碳的氧化物增长较快。对于正常运行的变压器，这些气体增长的原因主要是制造过程中所残留气体的影响，其次可能是设备内部某些绝缘材料如绝缘漆在运行初期进一步固化所分解出来的。此外，变压器在安装时，由于真空注油工艺不良，甚至没有采用真空注油，使油中存在悬浮状气泡，或者固体绝缘表面吸附着气泡，在投运时，由于高电场的作用，可能发生气泡局部放电，产生 H_2 溶于油中。

（四）故障下的产气

变压器等设备内部故障一般可分为两类：即过热和放电。过热按温度高低，可分为低温过热、中温过热与高温过热三种情况。放电又可分为局部放电、火花放电和高能量放电三种类型。

另外，设备内部进水受潮也是一种内部潜伏性故障，除早期发现外，最终也会发展成放电性故障，甚至造成事故。

四、油中溶解气体组分检测

（一）离线检测

1. 检测过程

检测过程如下：从充油电气设备上取样（油样，特殊情况下取气样）、脱出油中气体、然后将气体打入气相色谱仪，混合气体组分在色谱柱中得到分离，色谱柱后流出各组分（CH_4、C_2H_4、C_2H_6、C_2H_2、H_2、CO、CO_2），由鉴定器（TCD 和 FID）将各组分浓度变化信号转化成相应电信号，并通过色谱工作站（或记录仪）记录出各组分色谱峰，对色谱峰进行处理和计算得到油中溶解各气体组分的浓度。

2. 测试的技术依据

GB/T 17623—2017《绝缘油中溶解气体组分含量的气相色谱测定法》。

3. 气相色谱仪对油中溶解气体组分最小检知浓度（见表 2-6）

表 2-6　　　　　　　　　　油中溶解气体组分最小检知浓度表

气体组分	最小检知浓度（μL/L）	
	出厂试验	运行中试验
C_2H_2	≤0.1	≤0.1
H_2	≤2	≤5
CO	≤25	≤25
CO_2	≤25	≤25

4. 检测结果的重复性和再现性

（1）同一试验室的两个平行试验结果：

对 C_2H_2 气体，当 C_2H_2 在 5μL/L 以下时，相差不应大于 0.5μL/L。

对其他气体，当含量在 10μL/L 以下时，相差不应大于 1μL/L；当含量在 10μL/L 以上时，相差不应大于平均值的 10%。

（2）不同试验室的平均试验结果：相差不应大于平均值的 30%。

（二）油中溶解故障气体在线检测仪

1. 优势

（1）可以连续跟踪变压器故障特征气体产气变化趋势。

（2）通过现代通信传输手段，在第一时间将变压器故障特征气体变化情况及时、连续传输给监督部门。

（3）可以分析变压器油中产气量与变压器状态的关联关系。如变压器负载和油温等，有利于更深入地了解变压器的运行状态。

2. 国内外主要故障气体在线监测系统性能对比（见表 2-7）

表 2-7　　　　　　　　　　　　气体在线监测系统性能对比

生产厂家	A	B	C	D	E
检测原理	气相色谱	光声光谱	气相色谱	陈列式气敏传感器	气相色谱
检测器	纳米晶半导体气敏元件	微音器	微桥式检测器	6个半导体气敏元件	2个气敏传感器
脱气方式	中空式膜分离	动态顶空	动态顶空	膜渗透	真空脱气
平衡时间	<1h	<1h	<1h	<72h	<2h
配气瓶及气瓶种类	需要气瓶高纯空气	不需要气瓶	需要气瓶高纯氮气	不需要气瓶	需要气瓶高纯氮气
取油方式	循环方式	循环方式	非循环方式	非循环方式	循环方式
排油方式	回变压器	回变压器	直接排放	不需要排放	不需要排放
数据传输方式	有线 RS 485、无线、电话线 moden、GPRS	有线 RS 485、无线、电话线 moden、GPRS	有线 RS 485、RS 232、无线、GPRS	工业总线通信、有线 485 UBS、无线、电话线 moden	无线、有线、GPRS、485UBS
能检测气体组分数	六 种（CH_4、C_2H_4、C_2H_6、C_2H_2、H_2、CO）	七 种（CH_4、C_2H_4、C_2H_6、C_2H_2、H_2、CO、CO_2）	七 种（CH_4、C_2H_4、C_2H_6、C_2H_2、H_2、CO、CO_2）	六 种（CH_4、C_2H_4、C_2H_6、C_2H_2、H_2、CO）	七 种（CH_4、C_2H_4、C_2H_6、C_2H_2、H_2、CO、CO_2）

（三）诊断充油电气设备故障的依据

1. 气体累计性

充油电气设备的潜伏性故障所产生的可燃性气体大部分会溶于油。随着故障的持续，这些气体在油中不断积累，直至饱和甚至析出气泡。因此，油中故障气体的含量即其累计程度是诊断故障的存在与发展情况的一个依据。

2. 产气速率

正常情况下充油电气设备在热和电场的作用下也会老化分解出少量的可燃性气体，但产气速率很缓慢。当设备内部存在故障时，就会加快这些气体的产生速率。因此，故障气体的产生速率，也是诊断故障的存在与发展程度的另一依据。

3. 故障类型与溶解气体组分的关系

变压器内部在不同故障下产生的气体有不同的特征。例如，局部放电时总会有氢；较高温度的过热时总会有乙烯；而电弧放电时也总会乙炔。因此，故障下产气的特征是诊断故障性质的又一个依据。

五、充油电气设备故障诊断方法

（一）出厂和新投运设备的验收

对出厂和投运前的设备油中溶解气体含量的要求见表 2-8。

表 2-8　　　　　　　　　　　电气设备验收标准

气体	变压器和电抗器（μL/L）	互感器（μL/L）	套管（μL/L）
H_2	<30	<50	<150
C_2H_2	0	0	0
总烃	<20	<10	<10

（二）判断设备有无故障

1. 依据

DL/T 722—2014《变压器油中溶解气体分析和判断导则》。

2. 步骤

对充油电气设备测检周期的规定，定期对设备进检测。在充分掌握设备油中气体历次准确的色谱分析数据的基础上，根据故障判断的步骤，首先是判明有无故障。

3. 常用的方法

（1）查注意值。在查找运行中电力设备油中溶解气体含量注意值时有两个表可供查询，其中变压器、电抗器和套管油的具体注意值见表 2-9，运行中互感器具体注意值见表 2-10。

表 2-9　　　　运行中变压器、电抗器和套管油中溶解气体含量的注意值

设备	气体组分	含量（μL/L）	
		330kV 及以上	220kV 及以上
变压器和电抗器	总烃	150	150
	C_2H_2	1	5
	H_2	150	150
套管	CH_4	100	100
	C_2H_2	1	2
	H_2	500	500

表 2-10　　　　　　运行中互感器油中溶解气体含量的注意值

设备	气体组分	含量（μL/L）	
		220kV 及以上	110kV 及以上
电流互感器	总烃	100	100
	C_2H_2	1	2
	H_2	150	150
电压互感器	总烃	100	100
	C_2H_2	2	3
	H_2	150	150

识别设备故障时应注意：

1）注意值不是划分设备有无故障的唯一标准。当气体浓度达到注意值时，应进行

追踪分析，查明原因。

2）对 330kV 及以上的电抗器，当出现小于 $1\mu L/L\ C_2H_2$ 时也应引起注意；如气体分析虽已出现异常，但判断结果不至危及绕组和铁芯安全时，可在超过注意值较大的情况下运行。

3）影响电流互感器和电容式套管油中 H_2 含量的因素较多，有的 H_2 含量虽低于表中的数值，有增长趋势，也应引起注意；有的只有 H_2 含量超过表 2-11 中数值，若无明显增长趋势，也可判断为正常。

4）注意区别非故障情况下的气体来源，进行综合分析。

（2）查产气速率是否超过注意值。产气速率能够反映故障的存在、严重程度及其发展趋势。考查产气速率不仅可以进一步确定故障的有无，还可对故障的性质做出初步的估计。

绝对产气速率：即每运行日产生某气体的平均值，计算公式如下：

$$r_a = \frac{C_{i2} - C_{i1}}{\Delta t} \times \frac{G}{\rho}$$

式中　r_a——绝对产气速率，mL/d；

　　　C_{i2}——第二次取样测得油中某气体浓度，$\mu L/L$；

　　　C_{i1}——第一次取样测得油中某气体浓度，$\mu L/L$；

　　　Δt——二次取样时间间隔中的实际运行时间，d；

　　　G——设备总油量，t；

　　　ρ——油的密度，t/m^3。

表 2-11　　　　　　　　　变压器和电抗器的绝对产气速率的注意值

气体组分	开放式（mL/d）	隔膜式（mL/d）
总烃	6	12
乙炔	0.1	0.2
H_2	5	10
CO	50	100
CO_2	100	200

注：当产气速率达到注意值时，应缩短检测周期，进行追踪分析

相对产气速率计算如下：

$$r_r(\%) = \frac{C_{i2} - C_{i1}}{C_{i1}} \times \frac{1}{\Delta t} \times 100$$

式中　$r_r(\%)$——相对产气速率，mL/d；

　　　C_{i2}——第二次取样测得油中某气体浓度，$\mu L/L$；

　　　C_{i1}——第一次取样测得油中某气体浓度，$\mu L/L$；

　　　Δt——二次取样时间间隔中的实际运行时间，月。

考查产气速率时应注意：

1）考查期间尽量使负荷，散热条件保持稳定。

2）如需考察产气速率与负荷的相互关系，可有计划地改变负荷进行考查。

3）对于新设备及大修后的设备，在投运后一段时间经多次检测准确测定油中气体含量的"起始值"后，才对产气速率进行正式考查。

4）对于气体浓度很高的设备或故障检修后的设备，应进行脱气处理后才考查产气速率，考查中还要考虑固体绝缘材料中的残油可能释放出气体的影响，以便可靠地判断实际的产气速率。

5）如果设备已脱气处理或运行时间不长，油中含气量很低时，不宜采用相对产气速率判据，以免带来较大误差。

（3）考查设备状况，需检查设备以下三个方面的状况。

1）在设备结构和制造方面。

2）在安装、运行与检修方面。

3）在辅助设备方面。

（4）查故障是否涉及固体绝缘，检查故障是否涉及固体绝缘应考虑以下四个方面。

1）当故障涉及固体绝缘时，会引起 CO 和 CO_2 的明显增长。根据现有的统计资料，固体绝缘的正常老化过程与故障情况下的劣化分解，表现在油中 CO 和 CO_2 含量上，一般没有严格的界限，规律也不明显。这主要是由于从空气中吸收的 CO_2、固体绝缘老化及油的长期氧化形成 CO 和 CO_2 的基值过高造成的。开放式变压器溶解空气的饱和量为 10%，设备里可以含有来自空气中的 $300\mu L/L$ 的 CO_2。在密填充设备里空气也可能经泄漏而进入设备油中，这样，油中的 CO_2 浓度将以空气的比率存在。

2）当怀疑设备固体绝缘材料老化时，一般 $CO_2>7\mu L/L$。当怀疑故障涉及固体绝缘材料时（高于200℃），可能 $CO_2/CO<3$，必要时，应从最后一次的测试结果中减去上一次的测试数据，重新计算比值，以确定故障是否涉及了固体绝缘。

3）对运行中的设备，随着油和固体绝缘材料的老化，CO 和 CO_2 会呈现有规律的增长，当这一增长趋势发生突变时，应与其他气体（CH_4、C_2H_2 及总烃）的变化情况进行综合分析，以判断故障是否涉及了固体绝缘。

4）当怀疑纸或纸板过度老化时，应测试油糠醛含量，或在可能的情况下测试纸样的聚合度。

（三）判断故障类型

1. 判断故障类型（特征气体法、三比值法）（见表 2-12）

表 2-12　三 比 值 编 码 表

气体比值范围	比值范围的编码		
	C_2H_2/C_2H_4	CH_4/H_2	C_2H_4/C_2H_6
<0.1	0	1	0
≥0.1~<1	1	0	0
≥1~<3	1	2	1
≥3	2	2	2

2. 故障类型判断方法（见表 2-13）

表 2-13 故障类型对照表

编码组合			故障类型判断	故障实例（参考）
C_2H_2/C_2H_4	CH_4/H_2	C_2H_4/C_2H_6		
0	0	1	低温过热（低于150℃）	绝缘导热过热，注意 CO 和 CO_2 含量和 CO_2/CO
	2	0	低温过热（低于150~300℃）	分接开关接触不良，引线夹件螺丝松动或接头焊接不良，涡流引起铜过热，铁芯漏磁，局部短路，层间绝缘不良，铁芯多点接等
	2	1	中温过热（低于300~700℃）	
	0, 1, 2	2	高温过热（高于700℃）	
1	1	0	局部放电	高湿度，高含气量引起油中低能量密度的局部放电
	0, 1	0, 1, 2	电弧放电	引线对电位未固定的部件之间连续火花放电，分接抽头引线和油隙闪络，不同电位之间的油中火花放电或悬浮电位之间的火花放电
	2	0, 1, 2	电弧放电兼过热	
2	0, 1	0, 1, 2	低能放电	线圈匝间、层间短路，相间闪络、分接头引线间隙闪络、引线对箱壳放电、线圈熔断、分接开头飞弧、因环路电流引起电弧、引线对其他接地体放电等
	2	0, 1, 2	低能放电兼过热	

3. 三比值法的应用

应用三比值法时应注意以下问题：

（1）只有根据各组分含量注意值或产气速率注意值判断可能存在故障时才能进一步用三比值法判断其故障的类型。

（2）表 2-13 中所列每一种故障对应的一组比值都是典型的。对多种故障的联合作用，可能找不到相应的比值组合。

（3）特征气体的比值，应在故障下不断产生进程中进行监视才有意义。

【案例 2-7】

2011 年 8 月，某公司化学专业在对 110kV 某站开展例行试验，色谱分析发现大量主变压器 H_2 超标，出现痕量 C_2H_2，疑似受潮。由于涉及变压器大部分为 2008 年至 2011 年产品，怀疑为设计缺陷，在该单位检修专业进行现场停电诊断发现问题变压器储油柜上侧衬垫位置下移，存在受潮进水的情况，随即开展专项治理工作，分批次对同类型缺陷变压器进行停电诊断和返厂维修。

对该设备进行色谱微水分析，该类型变压器投运后短时间内出现色谱异常，主要集中在室外变电站，见表 2-14。

表 2-14　　　　　　　　　　　案例 2-7 色谱微水分析

取样说明	试验日期	脱气量 (mL)	H_2 ($\mu L/L$)	CO ($\mu L/L$)	CO_2 ($\mu L/L$)	CH_4 ($\mu L/L$)	C_2H_4 ($\mu L/L$)	C_2H_6 ($\mu L/L$)	C_2H_2 ($\mu L/L$)	总烃 ($\mu L/L$)	微水 (mg/L)	结论
验收	2011.03.27	2.7	未检出	14.4	199.2	0.5	未检出	未检出	未检出	0.5	—	正常
高试后	2011.04.02	1.4	1.0	3.5	111.8	0.2	未检出	未检出	未检出	0.2	6.1	正常
中部	2011.08.19	4.0	376.9	289.8	740.4	17.1	1.0	2.4	未检出	20.5	12.4	$H_2>150$
下部	2011.08.19	3.5	403.3	306.2	744.4	17.7	1.0	2.6	未检出	21.3	11.8	$H_2>150$
中部	2011.08.22	3.9	388.6	294.0	700.0	17.8	1.0	2.3	未检出	21.1	10.0	$H_2>150$
下部	2011.08.22	3.2	401.0	295.9	704.3	18.4	1.0	2.4	未检出	21.8	8.4	$H_2>150$
中部	2011.08.26	2.8	385.0	324.2	780.8	17.9	1.0	2.5	未检出	21.4	6.4	$H_2>150$
下部	2011.08.26	3.6	402.7	325.8	768.1	17.9	1.0	2.5	未检出	21.4	9.5	$H_2>150$
中部	2011.08.31	1.8	345.9	297.3	703.0	16.7	1.0	2.4	未检出	20.1	6.4	$H_2>150$
下部	2011.08.31	2.4	370.6	316.9	796.6	18.3	1.0	2.6	未检出	21.9	10.1	$H_2>150$
中部	2011.9.8	3.1	408.0	322.1	725.0	19.0	1.0	2.6	未检出	22.6	4.3	$H_2>150$
下部	2011.9.8	2.3	417.4	329.6	744.0	19.5	1.0	2.8	未检出	23.3	3.9	$H_2>150$
处理后	2011.09.20	5.6	未检出	15.2	123.7	0.4	0.1	未检出	未检出	0.5	—	正常

1. 故障分析

色谱特征气体表现为 H_2 增长异常，短时间内超过注意值，部分主变出现痕量 C_2H_2。三比值编码为 010，表征为高湿度、高含气量引起的油中低能量密度的局部放电。虽然微量水分测试正常，但是鉴于微量水分反应的是油中微水，固体绝缘材料容纳水的能力远大于油，目前色谱分析中氢气上涨幅度大，速度快，不排除绝缘受潮的可能。

2. 处理方案

2011 年起，某公司变电检修工区对受潮变压器逐步进行停电检修，发现问题变压器储油柜上侧衬垫位置下移，存在受潮进水的情况，如图 2-4 所示。

此次故障是由于变压器储油柜设计缺陷引起，该公司在 2013 年 6 月 30 日前对相关变压器安排停电，完成变压器油枕结构的排查整改，对存在问题的油枕加装内挡条，更换密封胶垫，并按工艺检查恢复油枕密封，防止假油位、阀门关闭等隐患发生。

3. 标准引用

Q/GDW 1168-2013《输变电设备状态检修规程》5.1.2.1 主变诊断试验，在怀疑绝缘受潮、劣化或者怀疑内部可能存在过热、局部放电等缺陷时进行绝缘油油质和色谱分析。

以该站该设备 2011 年 9 月 8 号表 2-15 数据为例进行计算：

图 2-4 储油柜缺陷

表 2-15　　　　　　　　　　　　　　　受 潮 特 征 色 谱 数 据

取样说明	试验日期	脱气量 (mL)	H_2 (μL/L)	CO (μL/L)	CO_2 (μL/L)	CH_4 (μL/L)	C_2H_4 (μL/L)	C_2H_6 (μL/L)	C_2H_2 (μL/L)	总烃 (μL/L)	微水 (mg/L)	结论
下部	2011.9.8	2.3	417.4	329.6	744.0	19.5	1.0	2.8	未检出	23.3	3.9	$H_2>150$

根据表 2-15 三比值编码表计算如下：

$C_2H_2/C_2H_4 = 0/1.0 = 0 < 0.1$，因而 C_2H_2/C_2H_4 比值编码为 0

$CH_4/H_2 = 19.5/417.4 = 0.047 < 0.1$，因而 CH_4/H_2 比值编码为 1

$C_2H_4/C_2H_6 = 1.0/2.6 = 0.385$，$0.1 \leqslant 0.385 < 1$，因而 C_2H_4/C_2H_6 比值编码为 0

故该案例三比值编码为 010，根据表 2-13 故障类型对照表可知 010 属于湿度、高含气量引起的油中低能量密度的局部放电。结合设备其他试验情况和设备运行情况可知：虽然微量水分测试正常，但是鉴于微量水分反应的是油中微水，固体绝缘材料容纳水的能力远大于油，目前色谱分析中氢气上涨幅度大，速度快，不排除绝缘受潮的可能，因而提出停电检修的建议。通过该单位检修专业进行现场停电诊断发现问题变压器储油柜上侧衬垫位置下移，确定存在受潮进水的情况。

（四）气体继电器动作原因判别

溶解于油中的无论是空气还是故障产生的气体，达到过饱和状态或临界饱和状态时，一般在温度或压力变化的情况下，都会以气泡形态释放出来，直至引起气体继电器动作。

气体继电器动作时，为了正确判别其动作原因，取其气样同时结合油中溶解气体分析结果进行判别。

通过的气体继电器气样检测，当无故障组分含量时，可判知是由于气体继电器中进入了空气等非设备故障气体的原因所致（可能是由于油路系统及其附件漏入空气或其他原因带来的假象对判断故障的干扰）。设备内部有无故障的判别，是采用平衡判据。

（五）提出诊断意见

在提出诊断意见时，必须结合油质分析以及设备运行、检修等情况进行综合分析，可采用缩短试验周期、加强跟踪监视、限制负荷、近期安排内部检查、立即停止运行等方式。

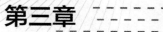

第三章

SF₆气体质量分析

六氟化硫气体是由氟（F）元素和硫（S）元素化合而成的化合气体，分子式为SF_6，其结构是一个硫原子处于中心而六个氟原子处于六个顶点位置的正八面体结构。

在常温常压下SF_6气体具有无色、无味、无毒、不燃、稳定性强的特点。SF_6临界温度为45.6℃，临界压力为3.75MPa，因此，常温下SF_6气体很容易液化。其相对分子质量为146.06，密度为6.13g/L，约为空气的5倍，是已知最重的气体之一，SF_6气体充入电气设备时若操作不当会引起人员窒息。

SF_6气体分子中氟是所有元素中电负性最强的，易捕获1个自由电子而达到8个电子的稳定结构，从此阻碍放电的形成和发展，具有优异的介电性能。另外，SF_6具有良好的热传导性，比定压热容为空气的3.4倍，表面热导率是空气的2.5倍。

综上所述，SF_6气体是一种具有优良电气绝缘能力的灭弧介质，同时，SF_6气体在高压状态时击穿场强大，可缩小设备的体积，降低造价，延长检修周期，因此，SF_6气体在输、配电电气设备（包括组合电器、断路器、变压器、电容器、电缆、避雷器和高压套管等）中得到了广泛应用。但随着SF_6电气设备的大量使用，电气设备故障时有发生，严重威胁了电力系统的安全、稳定、经济运行。统计数据显示，绝缘故障在SF_6电气设备故障中占很大比重，当SF_6电气设备的电压等级越高时，因故障停电造成的损失及维修成本也越大。同时，SF_6电气设备的绝缘性能的好坏很大程度上取决于SF_6气体的性质，纯SF_6气体是无毒的，但在气体的合成制备、加压充装及运输过程中，在设备运行和故障发展过程中，由于火花、电弧、水分、氧气、环境等多种因素的综合作用，SF_6气体可能会含有若干种杂质。杂质的产生会影响SF_6气体的绝缘性能，因此，对SF_6气体进行质量分析是十分必要的。

⚡ 第一节　SF₆气体监督标准

对SF_6气体的监督维护可以从以下四个方面进行：

（1）SF_6气体的贮存和运输。SF_6的包装、标志、贮存、运输应符合国家《气瓶安全监察规程》和《危险化学品安全管理条例》的相关规定。出厂前，应检查气瓶瓶嘴及颈部有无泄漏，戴上瓶帽，加装防震圈，贮存SF_6气体的场所应通风良好，室内场所底部应强制安装通风装置和SF_6泄露报警装置并定期校验。在贮存过程中，应定期对充装的气瓶进行校验与评定，做好记录工作。装卸钢瓶严禁撞击、拖、拉钢瓶，严禁用肩扛等危险动作进行装卸。运输车辆应为专用的危险品运输车，运输过程中，应保持气体钢瓶直立放置，并用绑带固定在牢固的车架上。

（2）新气的验收和管理。SF_6 新气是未经使用过的 SF_6 气体。在 SF_6 新气到货后 15 天内，应按相应的分析项目和质量指标进行质量验收。每瓶新气应具备如下信息：产品名称、生产厂家名称、灌装日期、批号、气体净重、产品技术指标、执行的标准编号、校验员等。验收合格后，应将气瓶转移到阴凉、干燥、通风的专门场所直立存放，注意与未检验气瓶分开，以免混淆。同时，存放超过半年的气体，在充入设备前，应按要求对气体进行复检。

（3）使用中 SF_6 气体的监督维护。运行中的 SF_6 电气设备的气体应按照规程要求定期进行检测，若检测项目的相关指标出现异常，应及时处理，记录，直至合格为止。同时，设备运行中若出现 SF_6 密度继电器表压下降、低压报警时应分析原因，发生气体大量泄漏时，应启动预案紧急处置。如若需要补气，则所补气体应满足规程规定的质量标准和要求。

（4）SF_6 电气设备检修、解体时 SF_6 气体的监督维护。设备检修或解体前，应按照相关规程标准的要求对气体进行全面的分析，确定其有害成分含量，制定安全防护措施。设备解体大修前的气体检验，必要时可由技术监督机构复核检测并与设备使用单位共同商定检测的特殊项目及要求。设备解体检修时，应使用 SF_6 回收净化装置对设备内的 SF_6 气体进行回收，不得直接向大气排放。严禁在雨雪天或空气湿度超过 80% 的条件下进行解体，进行解体检修的工作人员应经专门的安全技术知识培训，佩戴必要的安全防护用品，并在安全监护人的监督下进行工作。

为了能更好地对 SF_6 气体进行监督维护，需要定期对 SF_6 气体进行质量分析，SF_6 电气设备中气体的质量标准，从国内外公布的资料看基本相同，我国从 20 世纪九十年代初就建立了 SF_6 新气和运行气标准，对保障 SF_6 电气设备的安全经济运行起到了重要作用。对于新气，国内有 GB/T 12022—2014《工业六氟化硫》，国际上有 IEC 60376—2005《新六氟化硫的规范和验收》等标准。关于运行气，国际上有 IEC 60480—2004《从电气设备中取出的六氟化硫检验导则》等标准，国内有 GB/T 8905—2012《六氟化硫电气设备中气体管理和检测导则》、DL/T 595—2012《六氟化硫电气设备气体监督导则》、DL/T 596—1996《电力设备预防性试验规程》、DL/T 941—2005《运行中变压器用六氟化硫质量标准》等。除此之外，国家电网公司还颁布了 Q/GDW 1168—2013《输变电设备状态检修试验规程》、Q/GDW 1896—2013《SF_6 气体分解产物检测技术现场应用导则》等企业标准。

一、SF_6 新气质量标准

（一）国际 SF_6 新气质量标准

IEC 60376—2005《新六氟化硫的规范和验收》为新气标准，IEC 60480—2004《从电气设备中取出的六氟化硫检验导则》也包含了新气质量标准，见表 3-1。

表 3-1 IEC 标准规定的 SF_6 新气质量标准

指标名称	IEC 60480—2004	IEC 60376—2005
空气（N_2+O_2）	≤0.05%	≤0.2%
四氟化碳（CF_4）	≤0.05%	≤0.24%

续表

指标名称	IEC 60480—2004	IEC 60376—2005
湿度（H_2O）	$\leq15\times10^{-6}$	$\leq25\times10^{6}$（$-36℃$）
酸度（以 HF 计）	$\leq0.3\times10^{-6}$	$\leq1\times10^{-6}$
可水解氟化物（以 HF 计）	$\leq1.0\times10^{-6}$	—
矿物油	$\leq10\times10^{-6}$	$\leq10\times10^{-6}$
纯度（SF_6）	$\geq99.8\%$	$\geq99.7\%$（液态时测试）
毒性试验	无毒	无毒

注 表中百分数和 10^{-6} 均为质量比。

（二）我国 SF₆新气质量标准

GB/T 12022—2014《工业六氟化硫》标准主要用于电力工业、冶金工业和气象部门等，标准中 SF₆的新气质量见表 3-2。GB/T 8905—2012《六氟化硫电气设备中气体管理和检测导则》标准主要用于电力行业，SF₆新气质量标准见表 3-3。

表 3-2 GB/T 12022—2014《工业六氟化硫》中 SF₆新气质量标准

序号	项目名称	指标
1	六氟化硫（SF_6）纯度（质量分数）/10^{-2}	≥99.9
2	空气含量（质量分数）/10^{-6}	≤300
3	四氟化碳（CF_4）含量（质量分数）/10^{-6}	≤100
4	六氟乙烷（C_2F_6）含量（质量分数）/10^{-6}	≤200
5	八氟丙烷（C_3F_8）含量（质量分数）/10^{-6}	≤50
6	水（H_2O）含量（质量分数）/10^{-6}	≤5
7	酸度（以 HF 计）（质量分数）/10^{-6}	≤0.2
8	可水解氟化物（以 HF 计）（质量分数）/10^{-6}	≤1
9	矿物油含量（质量分数）/10^{-6}	≤4
10	毒性	生物试验无毒

表 3-3 GB/T 8905-2012《六氟化硫电气设备中气体管理和检测导则》中 SF₆新气质量标准

项目	单位	数值
六氟化硫（SF_6）	%（重量比）	≥99.9
空气	%（重量比）	≤0.04
四氟化碳（CF_4）	%（重量比）	≤0.04
湿度（20℃）	%（重量比）	≤0.0005
露点（101.3kPa）	（℃）	≤-49.7
酸度（以 HF 计）	%（重量比）	≤0.00002
可水解氟化物（以 HF 计）	%（重量比）	≤0.00010
矿物油	%（重量比）	≤0.0004
毒性		生物试验无毒

二、运行中 SF$_6$ 气体质量

根据生产实际和设备发展状况，我国运行 SF$_6$ 电气设备用气体质量标准分为运行中的断路器、GIS 气体和运行变压器气体两个系列。其中，运行断路器、GIS 气体标准中包括了各电压等级的断路器、隔离开关、母线、互感器及套管等设备用气监督检测，见标准 GB/T 8905—2012；运行变压器用气标准则主要针对 SF$_6$ 变压器制定，参见标准 DL/T 941—2005。运行气体的质量标准见表3-4。

表 3-4　　　　　　　　　　SF$_6$ 电气设备运行气体质量标准

序号	项目	单位	GB/T 8905—2012	DL/T 941—2005
1	气体泄漏	（%/年）	≤0.5	≤1
2	湿度（20℃）	体积比（μL/L）露点温度（℃）	灭弧室≤300，非灭弧室≤500	箱体和开关应≤-35℃，电缆箱等其余部位≤-30℃
3	酸度（以 HF 计）	质量分数（%）	≤0.00003	—
4	空气	质量分数（%）	≤0.2	≤0.2
5	四氟化碳（CF$_4$）	质量分数（%）	≤0.1	比原始测定值大0.01%时应引起注意
6	纯度（SF$_6$）	体积分数（%）	—	≥97
7	矿物油	质量比（μg/g）	≤10	≤10
8	可水解氟化物（以 HF 计）	质量比（μg/g）	≤1.0	≤1.0
9	气体分解产物	体积比（μL/L）	注意设备中的分解产物变化增量	报告（监督其增长情况）

SF$_6$ 电气设备交接时、大修后 SF$_6$ 气体质量标准见表3-5。

表 3-5　　　　　　　　电气设备交接时和大修后 SF$_6$ 气体质量标准

序号	项目	单位	GB/T 8905—2012	DL/T 941—2005
1	气体泄漏	（%/年）	≤0.5	≤1.0
2	湿度（20℃）	体积比（μL/L）露点温度（℃）	灭弧室≤150非灭弧室≤250	箱体和开关≤-40℃，电缆箱等其余部位≤-35℃
3	酸度（以 HF 计）	质量分数（%）	≤0.00003	—
4	空气	质量分数（%）	≤0.05	≤0.1
5	四氟化碳（CF$_4$）	质量分数（%）	≤0.05	≤0.05
6	纯度（SF$_6$）	体积分数（%）	—	≥97
7	可水解氟化物（以 HF 计）	质量分数（%）	≤0.0001	
8	矿物油	质量分数（%）	≤0.001	
9	气体分解产物	体积比（μL/L）	总量<5；或（SO$_2$+SOF$_2$）<2，HF<2	有条件时报告（记录原始值）

运行中 SF$_6$ 气体的试验项目、检测周期和测试方法见表3-6。

表 3-6   运行中 SF₆ 气体的试验项目、周期和测试方法

序号	项目	周期	说　明
1	湿度（20℃）（μL/L）	1）1~3年； 2）大修后； 3）必要时	1）按 DL/T506 方法检测； 2）新投运测一次，若接近注意值，半年之后应再测一次；新充（补）气48h之后至2周之内应测试一次；气体压力明显下降时，应定期跟踪测试
2	密度（kg/m³）	必要时	按 DL/T 917 方法检测
3	毒性	必要时	按 DL/T 921 方法检测
4	酸度（质量分数）	1）大修后； 2）必要时	按 DL/T 916 方法或用检测管进行检测
5	四氟化硫（质量分数）	1）大修后； 2）必要时	按 DL/T 920 方法检测
6	空气（质量分数）	1）大修后； 2）必要时	按 DL/T 920 方法检测
7	可水解氟化物（质量分数）	1）大修后； 2）必要时	按 DL/T 918 方法检测
8	矿物油（质量分数）	1）大修后； 2）必要时	按 DL/T 919 方法检测
9	纯度（体积分数）	1）大修后； 2）必要时	按 GB/T 8905 方法检测
10	分解产物（体积分数）	1）1~3年； 2）大修后； 3）必要时	按 DL/T 1205—2013《六氟化硫电气设备分解产物试测方法》进行检测

DL/T 941—2005《运行中用变压器六氟化硫质量标准》提出了运行变压器 SF₆ 气体试验项目、周期和测试方法，见表 3-7。

表 3-7   运行变压器气体试验项目、周期和测试方法

序号	项目	周期	方法
1	泄漏	日常监控，必要时	GB/T 11023
2	湿度（20℃）	1 次/年	DL/T 506 和 DL/T 915
3	空气	1 次/年	DL/T 920
4	四氟化碳	1 次/年	DL/T 920
5	纯度（SF₆）	1 次/年	DL/T 920
6	矿物油	必要时	DL/T 920
7	可水解氟化物（以 HF 计）	必要时	DL/T 920
8	有关杂质组分（CO_2、CO、HF、H_2S、SO_2、SOF_2、SO_2F_2）	必要时（建议 1 次/年）	报告

三、回收再用 SF₆ 气体质量

GB/T 8905《六氟化硫电气设备中气体管理和检测导则》和 DL/T 639《六氟化硫电

气设备运行、试验及检修人员安全防护细则》都规定：对欲回收利用的 SF_6 气体，必须净化处理，达到新气质量标准，经确认合格后方可使用。IEC 60480《从电气设备中取出六氟化硫的检验和处理指南及其再使用规范》中规定了再用 SF_6 气体中杂质最大允许值，具体控制指标见表 3-8。

表 3-8　　　　　　IEC 6048—2004 规定的再用 SF_6 气体中杂质最大允许值

杂质	最大允许值	
	气室绝对压力<200kPa	气室绝对压力>200kPa
空气和（或）四氟化碳	3%（体积比）（对于混合气体，可由设备制造商具体指定）	
水分	95mg/kg（750μL/L 或-23℃）	25mg/kg（200μL/L 或-36℃）
矿物油	10mg/kg	
总活性气体分解物	50μL/L 或 12μL/L（SO_2+SOF_2）或 25μL/L（HF）	

注　如果使用无油压缩机，矿物油含量可不必测试。

四、气体的混用

对于不同产地气体的混合，新气与设备中运行气体的混合等问题，由于气体的混合不会影响其理化性质，只要所补气体符合新气质量标准，设备内的气体符合运行标准，则新气就可以与原设备中的气体以任何比例混合使用。使用再用气体如设备回收气体时，再用气体的质量应达到 IEC 60480 标准中杂质允许含量的要求。

⚡ 第二节　SF_6 气体成分分析

SF_6 气体成分分析主要在两个阶段进行，一是新气验收（包括注入设备后）阶段，测试依据为 GB/T 12022—2014《工业六氟化硫》和 GB 50150—2016《电气装置安装工程电气设备交接试验标准》；二是怀疑电气设备内部存在潜伏性过热或放电故障时进行，此时成分分析的重点为 SF_6 气体分解物含量检测及故障分析判断，这部分内容将在第四章 SF_6 电气设备故障检测章节讲述，本节 SF_6 气体成分分析主要指新气验收阶段测试项目。

一、SF_6 气体主要杂质的来源

SF_6 气体中的主要的杂质来源于 SF_6 新气制备和电气设备在安装、检修、正常运行中的各个环节。此外，SF_6 电气设备内部发生故障也会不同程度的产生杂质（SF_6 分解物），见表 3-9。

表 3-9　　　　　　　　SF_6 气体中主要的杂质及其来源

SF_6 气体使用状态	杂质产生的原因	可能产生的杂质
SF_6 新气	生产过程中产生	空气、矿物油、水分（H_2O）、四氟化碳（CF_4）、可水解氟化物、氟烷烃
安装、检修和运行维护	泄漏、机械磨损	空气、矿物油、H_2O、金属粉尘、微粒
内部故障	严重过热、电晕放电、火花放电和电弧放电	SO_2、HF、SOF_2、SO_2F_2、SF_4、SOF_4、H_2S、CF_4、CS_2、CO、CO_2、AlF_3、CuF_2 和低分子烃

（1）来自SF₆新气。SF₆气体在合成制备过程中残存的主要杂质有CF₄和水分，在压缩充装和运输过程中可能带入空气、水分和矿物油等杂质。

（2）来自设备组装、检修和运行维护。设备在生产装配过程中可能会残留部分杂质如金属粉尘、微粒等；在对设备进行抽真空和充气操作时，SF₆气体中可能混入空气和水分；设备的内壁或绝缘材料会释放水分到SF₆气体中；气体处理设备真空泵和压缩机中的油也可能进入到SF₆气体中。

（3）来自开关设备。断路器开断电流期间，在高温电弧的作用下，生成SF₆气体和固体绝缘材料分解物、金属和有机材料蒸发物等杂质。同时这些分解产物之间再发生化学反应，也形成杂质。分解产物的量取决于设备结构、断路器开断次数以及吸附剂的使用状况。开关设备中也可能出现开断时触头之间因接触摩擦而产生的金属细屑。

（4）来自故障设备电弧放电。设备内部发生故障时会引起各种放电现象，在电弧放电故障设备中发现的杂质与经常开断的设备中产生的气体分解物类似，区别在于杂质的数量，电弧放电也会导致金属材料表面在高温下汽化，可能形成较多的反应物，当杂质含量较大时，会产生潜在的毒性。

（5）来自设备绝缘缺陷。设备如果存在绝缘缺陷会导致局部放电或过热故障，进而致使SF₆气体分解，产生SF_5、SF_4、SF_2等分解气体，这些分解物再与设备内部的氧、水分、固体绝缘材料等发生反应，形成其他分解产物，主要有SO_2、HF、SOF_2、SO_2F_2、SF_4、SOF_4、H_2S、CF_4、CS_2、CO、CO_2、AlF_3、CuF_2和低分子烃等。

二、检测项目及指标要求

GB/T 12022—2014《工业六氟化硫》是国内统一采用的SF₆气体验收试验标准，相比GB/T 12022—2006版，SF₆气体技术要求增加了六氟乙烷、八氟丙烷两项检测指标，同时修改了空气、四氟化碳的指标限值，见表3-10。

表3-10　　　　　工业六氟化硫技术要求

序号	项　目　名　称	指标
1	六氟化硫（SF₆）纯度（质量分数）/10^{-2}	≥99.9
2	空气含量（质量分数）/10^{-6}	≤300
3	四氟化碳（CF_4）含量（质量分数）/10^{-6}	≤100
4	六氟乙烷（C_2F_6）含量（质量分数）/10^{-6}	≤200
5	八氟丙烷（C_3F_8）含量（质量分数）/10^{-6}	≤50
6	水（H_2O）含量（质量分数）/10^{-6}	≤5
7	酸度（以HF计）（质量分数）/10^{-6}	≤0.2
8	可水解氟化物（以HF计）（质量分数）/10^{-6}	≤1
9	矿物油含量（质量分数）/10^{-6}	≤4
10	毒性	生物试验无毒

（一）六氟化硫（SF₆）纯度的测定

测试方法：测量出混合物中各种已知杂质的含量，用混合物总量减去各种杂质含量的总和，即得到SF₆纯度，试验室首选此方法进行检测。在作业现场，由于条件所限，

一般通过 SF_6 纯度仪气敏传感器直接测量 SF_6 气体纯度。

（二）空气、四氟化碳（CF_4）含量的测定

测试方法：采用带有热导检测器的气相色谱仪测定。

CF_4 气体在 SF_6 气体生产过程中和电弧作用下都可能产生，如设备故障涉及固体绝缘材料聚四氟乙烯或含碳金属材料都可能产生 CF_4。因此 SF_6 气体交接验收试验和配合事故分析时都要求检测 CF_4，由于现场常用的电化学法检测仪对 CF_4 无响应，通常采用便携式色谱仪或现场取气样送实验室进行色谱分析来检测 CF_4 含量。色谱分析时一般采用热导检测器（TCD）或火焰光度检测器（FPD）进行测定，色谱柱材料可用 GDX-104 或 Porapak-Q 与 3X 分子筛混合。

（三）六氟乙烷（C_2F_6）、八氟丙烷（C_3F_8）含量的测定

测试方法：采用带有火焰离子化检测器（FID）的气相色谱仪测定，要求检测仪器检测限 $\leqslant 5 \times 10^{-6}$（体积分数）。

C_2F_6、C_3F_8 含量测定是 GB/T 12022—2014《工业六氟化硫》新增加的检测项目，检测指标限值分别是 $\leqslant 200 \times 10^{-6}$（质量分数）和 $\leqslant 50 \times 10^{-6}$（质量分数），其中 C_2F_6 的指标限值大于 $CF_4 \leqslant 100 \times 10^{-6}$（质量分数）的指标限值，需要特别注意。

（四）水含量（湿度）的测定

测试方法：按 GB/T 5832.1—2016《气体分析 微量水分的测定 第 1 部分：电解法》规定的方法测定水含量，在取样时应防止出现冷凝。水含量的测定方法还有很多种，将在第四章第二节详述。

（五）酸度的测定

测试方法：试样中的酸和酸性物质与过量的氢氧化钠标准溶液发生中和反应，以甲基红—溴甲酚绿为指示剂，用硫酸标准溶液滴定过量的碱，根据硫酸溶液的浓度的消耗体积进行计算，从而测定出试样的酸度。

（六）可水解氟化物含量的测定

可水解氟化物来源合成 SF_6 气体时的副产物或设备故障时电弧分解产物，这些产物可以水解或碱解。测试时先将 SF_6 气体样品在封闭容器中与碱液共同振荡水解，水解生成的氟化物离子，可用氟离子选择电极法直接测定，也可以用镧-茜素络合剂显色加比色法测定，以 HF 的质量比表示气体中低氟化合物的总量。

（七）矿物油的测定

矿物油的来源主要为处理气体时真空泵和压缩机中的油混入。如使用无油压缩机，矿物油含量会显著降低。

被测 SF_6 气体通过含有四氯化碳（CCl_4）的吸收装置，其中的矿物油被 CCl_4 吸收，用红外光谱法测定该溶液在约 $2930cm^{-1}$ 特征波长下甲基、次甲基吸收峰的吸光度，通过标准溶液工作曲线计算出矿物油的质量浓度。

（八）毒性试验

模拟空气中 N_2、O_2 含量，配置体积分数为 79% SF_6 和体积分数为 21% O_2 的试验气体。使小白鼠连续染毒 24h，观察 72h，检验小白鼠有无中毒症状。

三、一种多组分测定法介绍

GB/T 12022—2014《工业六氟化硫》允许按 GB/T 28726 规定的切割方法测定 SF₆中的空气、四氟化碳、六氟乙烷、八氟丙烷含量,即可以同时测定 4 种气体组分含量,下面做一简要介绍。

1. 测试仪器

采用配备氦放电离子化检测器的气相色谱仪测定 SF₆ 中的空气、四氟化碳、六氟乙烷、八氟丙烷含量。

检测限:0.5×10^{-6}(体积分数)。

2. 测试原理

以纯化后高纯氦作载气,采用配备切割装置的氦离子化检测器的气相色谱仪,对样品主组分(SF₆)切割处理后,采用气相色谱法定性、定量分析样品中的目标组分。

3. 测定条件

(1)载气:高纯氦,经纯化器纯化。其流速参照相应的仪器说明书。

(2)辅助气:需要采用辅助气的仪器按仪器说明书使用辅助气。

(3)预分离柱:长约 2m、内径约 3mm 的不锈钢柱,内装粒径为 0.18~0.25mm 的 Porapak R(一种高分子聚合物),或其他等效色谱柱。

(4)分析柱。色谱柱Ⅰ:长约 3m、内径约 3mm 的不锈钢柱,内装粒径为 0.30~0.60mm 的涂有癸二酸二异辛酯的硅胶,或其他等效色谱柱。该柱用于分析空气含量;色谱柱Ⅱ:长约 2m、内径约 3mm 的不锈钢柱,内装粒径为 0.18~0.25mm 的 Porapak R,或其他等效色谱柱。该柱用于分析四氟化碳、六氟乙烷、八氟丙烷含量。

(5)标准样品:组分含量与样品气中相应组分含量相近,平衡气为氦。

(6)其他条件:载气净化器温度、色谱柱温度、检测器温度、样气流量等其他条件参考仪器说明书。

参考的切割气路流程示意图见图 3-1。

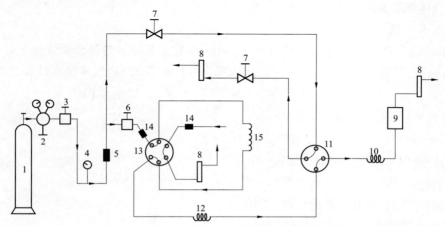

图 3-1　参考的切割气路流程示意图

1—氦载气钢瓶;2—钢瓶减压阀;3—稳压阀;4—压力表;5—净化管;6—稳流阀;7—流量调节阀;8—流量计;9—检测器;10—分析柱;11—切割阀;12—顶分离柱;13—六通阀;14—过滤器;15—定体积量管

69

分析步骤：开启仪器至稳定后按仪器说明书的操作步骤完成样品分析。平行测定气体标准样品和样品气至少两次，直到相邻两次测定结果之差不大于测定结果平均值的20%，取其平均值。

典型色谱图见图 3-2。

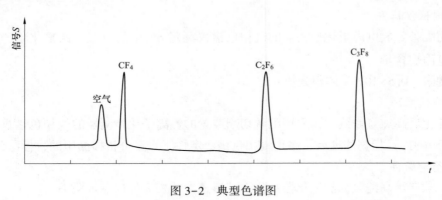

图 3-2　典型色谱图

⚡ 第三节　SF₆ 气体纯度分析

第二节介绍了 SF₆ 气体成分分析，SF₆ 气体纯度是成分分析的一项重要指标。SF₆ 气体纯度分析是评价气体质量和安装检修工艺的重要手段，主要在新气验收（包括注入设备后）阶段进行，通过检测 SF₆ 气体在混合物中所占的比例，判断 SF₆ 新气是否在生产、安装环节中受到污染，避免隐患设备带病投运。当 SF₆ 设备内部存在严重故障时，会产生大量分解产物，从而导致 SF₆ 气体纯度降低，此时测量 SF₆ 气体纯度也能起到辅助诊断故障的作用。

一、检测方法

SF₆ 气体纯度检测方法主要分两大类。

（一）扣减法

测量出混合物中各种已知杂质的含量，用混合物总量减去各种杂质含量的总和，即得到 SF₆ 纯度。GB/T 12022—2014《工业六氟化硫》提供的 SF₆ 气体纯度计算公式如下：

$$W = 100 - (W_1 + W_2 + W_3 + W_4 + W_5 + W_6) \times 10^{-4}$$

式中　W——SF₆ 纯度（质量分数），10^{-2}；

　　　W_1——空气含量（质量分数），10^{-6}；

　　　W_2——CF₄ 含量（质量分数），10^{-6}；

　　　W_3——C₂F₆ 含量（质量分数），10^{-6}；

　　　W_4——C₃F₈ 含量（质量分数），10^{-6}；

　　　W_5——水含量（质量分数），10^{-6}；

　　　W_6——矿物油含量（质量分数），10^{-6}。

用排除法测定 SF₆ 气体纯度，在现阶段为最接近真值的测定方法，缺点是必须用多种检测手段（如气相色谱法、酸碱中和法、红外光谱法等）联用才能最大程度地检测出混合物中各种已知杂质的含量，且对未知杂质含量可能不响应或响应值不准确，造成测量误差。

对于运行设备，SF₆气体纯度降低的主要原因为混入了空气，即杂质成分主要为 N_2 和 O_2，现场纯度检测可采用便携式气相色谱仪进行。用样品总量减去测得的空气所占被测气体的比例即得到了粗略的 SF₆ 气体纯度比例。此法因不能完全确定本底气体为 SF₆，仅作为临时应急使用，现场 SF₆ 气体纯度测定基本采用纯度仪直接测量法。

（二）直接测量法

现场用 SF₆ 气体纯度仪通过管路直接连接电气设备测量 SF₆ 气体纯度。根据不同的测试原理分为以下几种方法：

1. 热导法

依据不同气体的导热系数的差异来测定气体的浓度。目前 SF₆ 气体纯度仪绝大部分采用热导传感器，其结构如图3-3所示。

检测原理：使 SF₆ 气体以一定流速，通过带温度补偿微型热导池，根据 SF₆ 在热导池导热系数变化，进行 SF₆ 气体含量的定性和定量测试。

特点：

（1）检测范围大，检测快速，稳定性好，使用寿命长。

（2）检测装置结构简单，价格便宜，使用维护方便。

（3）使用中要注意温漂对测量结果的影响。

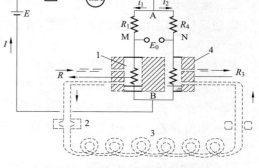

图3-3　热导传感器结构示意图

1—参考池腔；2—进样器；3—色谱柱；4—测量池腔

2. 红外光谱法

利用 SF₆ 气体在红外波段的吸收特性来测定气体的浓度。

检测原理：利用 SF₆ 气体在特定波段的红外光吸收特性，对 SF₆ 气体进行定量检测，可检测出 SF₆ 气体的含量，与激光法的测量原理类似。

特点：

（1）受环境影响小，反应迅速，使用寿命长。

（2）可靠性高、不与其他气体发生交叉反应。

3. 声速法

利用声音在不同气体中的传播速度的差异来测定气体的浓度。

（1）检测原理。基于对气体不同声速的评估，如空气和 N_2 中的声速为 330m/s，SF₆ 气体中的声速为 130m/s，通过测量样气中声速的变化，确定 SF₆ 气体体积分数。

（2）特点。精度大约为±1%，其他气体（例如 CF_4，分解物）的存在可能会影响检测精度。

4. 电子捕获法

（1）检测原理。利用放射源作阴极，不锈钢做阳极，在两极间加直流或脉冲电压形成电场，产生大量低能热电子，有电负性气体通过时捕获检测器中的电子，使检测器的基流降低，产生负信号，从而进行 SF_6 气体定性和定量。

（2）特点：

1）精度高，选择性好，但仪器制造成本高。

2）多适用于多卤、多硫化合物、多环芳烃及金属有机物的测定。

5. 高压击穿法

对被检测的气体进行放电试验，通过检测气体的放电量检测出 SF_6 气体的含量。特点如下：

（1）须有空气作为媒介才能正常放电。

（2）对 N_2、CO_2、烷烃、卤素气体均有反应。

（3）仅适合进行定性分析。

二、检测步骤

以现场检测应用最多的热导传感器纯度检测仪为例进行介绍。

1. 仪器要求

热导纯度检测仪主要技术指标如下：

（1）SF_6 气体量程：90%～100%（质量百分数）、65%～100%（体积百分数）。

（2）分辨率：≤0.01%（质量百分数）。

（3）示值误差：≤±0.2%（质量百分数）。

（4）重复性：≤0.1%（RSD）。

（5）检测时所需气体流量应不大于 300mL/min，响应时间应不大于 60s。

（6）检测用气体管路应使用聚四氟乙烯管，壁厚不小于 1mm、内径为 2～4mm，管路内壁应光滑清洁。

（7）气体管路连接用接头内垫宜用聚四氟乙烯垫片，接头应清洁，无焊剂和油脂等污染物。

2. 检测连接图

根据被测气体中的不同组分改变热导传感器输出电信号，从而确定被测气体中的组分及其含量。现场检测连接图如图 3-4 所示。

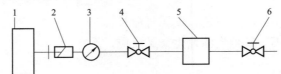

图 3-4　检测连接图

1—待测电气设备；2—气路接口（连接设备与仪器）；3—压力表；
4—仪器入口阀门；5—测试仪器；6—仪器出口阀门（可选）

3. 检测步骤

（1）仪器开机进行自检。

（2）检测前，应检查测量仪器电量，若电量不足应及时充电。

（3）用气体管路接口连接检测仪与设备，检测用气体管路不宜超过 5m，保证接头匹配、密封性好。

（4）检测仪气体出口应接试验尾气回收装置或气体收集袋，对测量尾气进行回收。若仪器本身带有回收功能，则启用其自带功能回收。

（5）根据检测仪操作说明书调节气体流量进行检测，根据取样气体管路的长度，先用设备中的气体充分吹扫取样管路的气体。检测过程中应保持检测流量的稳定，并随时注意观察设备气体压力，防止气体压力异常下降。

（6）根据检测仪操作说明书的要求判定检测结束时间，记录检测结果，重复检测两次。

（7）检测完毕后，关闭设备的取气阀门，恢复设备至检测前状态。

4. 注意事项

（1）检测仪应在检测合格报告有效期内使用，需每年进行校验；对于有自校准功能的纯度仪，可在测试结果出现明显偏差时通入纯度 99.99% 以上的 SF₆ 气体校准仪器，但需要注意的是临时校准不能替代年度校验。

（2）仪器在运输及测试过程中防止碰撞挤压及剧烈震动。

（3）在测量过程中，调节针型阀时应动作轻缓，防止压力的突变损坏传感器。

5. 检测验收

（1）检查检测数据是否准确、完整。

（2）恢复设备到检测前状态。

（3）检查被测设备 SF₆ 气体逆止阀恢复状态，用便携式 SF₆ 气体检漏仪对 SF₆ 气体接口逆止阀进行检漏，确认无泄漏后旋上保护盖帽。

三、检测数据分析与处理

（1）检测结果单位换算。现场检测结果一般采用体积分数表示，而部分试验标准采用质量分数表示，因此必要时需进行单位换算。换算前应确定混合气体的组成，以 SF_6 / N_2 二元混合气体为例说明单位换算的方法如下：

$$W_r = \frac{146V_r}{146V_r + 28(1 - V_r)} \times 100\%$$

式中　W_r——质量百分比；

　　　V_r——体积百分比；

　　146——SF₆摩尔质量；

　　28——N₂摩尔质量。

（2）取两次重复检测结果的算术平均值作为最终检测结果，所得结果应保留小数点后 1 位有效数字。换算示例见表 3-11。

表 3-11　　　　　　　　　　　SF₆/N₂ 混合气体换算示例

体积比（%）	质量比（%）
99.8	99.96
99.5	99.90

续表

体积比（%）	质量比（%）
99.0	99.81
97.0	99.41
95.0	99.00
90.0	97.91
86.1	97.00

四、SF_6气体纯度标准

1. SF_6气体纯度标准

关于纯度的标准，钢瓶中新气要求最高，GB/T 12022—2014《工业六氟化硫》质量分数要求不小于99.9%，换算成体积分数为不小于99.5%，GB 50150—2016《电气装置安装工程电气设备交接试验标准》也规定SF_6新气到货后，充入设备前应按现行国家标准GB/T 12022《工业六氟化硫》验收，必须严格执行。对于充入设备后的新气也可参照执行。

对于运行设备中的SF_6气体，各标准要求不一，建议按DL/T393—2010《输变电设备状态检修试验规程》或Q/GDW 1168—2013《输变电设备状态检修试验规程》执行，即有电弧分解物气室≥99.5%，其余气室≥97%，度量单位都为体积百分比。

2. 纯度标准在运行设备中的应用

SF_6气体纯度项目在全国开展较晚，很多较早投运的SF_6设备验收时并未做此项目，需进行补测。带电检测中如发现运行设备纯度不合格时应进行综合分析判断，建议进一步对被测气体做成分分析，如果杂质含量超标不多且基本上为N_2，通过计算，混合气体的绝缘性能和灭弧性能能满足设备运行要求，可以临时运行，在加强监督的同时办理停电手续，安排换气工作。因为出于环保和经济方面的考虑，SF_6/N_2混合气体作为纯SF_6替代品之一正是国内外电力行业的研究和推广的方向。如果杂质成分为空气或其他电气、理化性能不能满足SF_6设备运行要求的气体，则须立即停电进行换气或气体再生处理，以确保设备安全稳定运行。

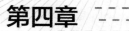

第四章

SF₆电气设备故障检测

自 20 世纪 60 年代以来，SF_6 气体就以其优良的绝缘性能和灭弧性能在电力系统高压电气设备中得到了应用。随着我国国民经济的快速发展和电力系统的不断升级，电气设备的数量也随之不断增加。在新增的电气设备中，SF_6 绝缘设备以其占地面积小、可靠性高、运行维护工作量小等优势在电力设备中的占比越来越大，因此，对电气设备的安全性、可靠性也提出了更高的要求。

由于 SF_6 电气设备结构复杂，在设计、制造、安装、运行和检修过程中，可能会遗留隐藏的缺陷，进而引起设备在运行过程中发生内部过热或放电故障，甚至酿成严重事故，对电网乃至社会造成严重影响。因此，密切监测 SF_6 电气设备的运行状态，运用 SF_6 气体分解产物等多种带电检测手段及时发现设备内部的潜伏性故障，并依据故障诊断结果实施状态检修，对于减少非计划停电，降低 SF_6 气体排放对环境造成的负面影响意义重大。

目前，对 SF_6 气体检测与故障诊断的方法有很多。本章将着重对 SF_6 气体湿度检测和分解产物检测及故障综合分析判断进行介绍。

⚡ 第一节　SF₆电气设备故障类型

一、SF₆ 电气设备

以 SF_6 气体作绝缘介质的电气设备称为 SF_6 电气设备，包括 SF_6 绝缘断路器、变压器、GIS 等，其中 GIS 中包含有断路器、隔离开关、接地开关、互感器、避雷器、母线和套管等设备和部件。SF_6 气体不仅具有稳定的化学性能，而且有着优异的电气性能，SF_6 电气设备具有体积小、噪声小、检修周期长、维护方便、运行可靠等优点，自 20 世纪 80 年代后 SF_6 电气设备在电力系统中得到广泛的应用，除全封闭组合电器（GIS）外，还运用在发电机出口断路器系统（GCB）、箱式气体绝缘金属封闭开关设备（C-GIS）和气体绝缘金属封闭输电线路（GIL）中。SF_6 电气设备的性能好坏直接影响电力系统的安全稳定运行。

二、SF₆ 电气设备内部绝缘材料

SF_6 电气设备内部绝缘材料，包含气体和固体绝缘材料两大类。气体绝缘介质主要包括 SF_6 气体和近年来不断探索的 SF_6 部分替代物，如 $c-C_4F_8$、CF_4、N_2 等，人们将其与 SF_6 气体按不同的比例混合，以求在尽量不降低混合气体整体绝缘和灭弧性能的情况下达到更好的环保性要求。

固体绝缘材料主要有环氧树脂、聚酯薄膜、聚四氟乙烯、绝缘纸和绝缘漆等。因断

路器存在灭弧单元，固体绝缘材料的使用同其他设备有着较大的区别。现对电力系统 SF_6 电气设备常见绝缘材料的分子结构、元素组成和主要性质介绍如下：

（一）SF_6 气体

SF_6 气体在电气设备尤其是高电压等级设备中的作用，短期内仍无法被替代。

纯净的 SF_6 气体在常温常压下非常稳定，不易分解。只有当温度高于 350℃ 左右，在局部放电和过热等因素作用下才开始分解，高于 700℃ 后将明显裂解，并与水分、氧气和金属蒸气等发生反应。SF_6 气体在电弧作用下将快速裂解，电离为硫和氟的单原子，电弧熄灭后大部分又重新复合成 SF_6，少部分 SF_6 分子裂解后与绝缘材料和各种杂质化合生成各类硫化物、氟化物和碳化物。

（二）固体绝缘材料

1. 热固型环氧树脂

环氧树脂是多种大分子的混合物，分子中含有两个及以上环氧基团，有双酚型和酚醛型两类，由 C、H、O 和 N 等元素构成。加入固化剂固化后的环氧树脂介电性能优良，其主要用于制造 GIS 盆式绝缘子、支柱绝缘子和断路器、隔离开关及接地开关的绝缘拉杆。环氧树脂具有很好的绝缘性能和化学稳定性，在 500℃ 以上时开始裂解，700℃ 后才会明显裂解，主要产生 SO_2、H_2S、CO、CS_2、NO、NO_2 和少量低分子烃。

2. 聚四氟乙烯

聚四氟乙烯（PTFE），俗称"塑料王""特氟龙"等，是由四氟乙烯经聚合而成的高分子化合物，分子式为 n（C_2F_4），由 C、F 等元素组成，抗酸碱、耐腐蚀、耐高温、高润滑，而且具有很好的绝缘性能和化学稳定性，其主要用于制造断路器的灭弧室和压缩气缸，只有在 400℃ 以上时才开始产生少量的 CF_4 和 CO，500℃ 后才会明显裂解。

3. 聚酯薄膜

聚酯薄膜（PET）是以聚对苯二甲酸乙二醇酯为原料，经双向拉伸制成的高分子材料。化学结构式如图 4-1 所示，由 C、H、O 等元素构成。具有拉伸强度高、化学稳定性好的特点，还具有介电常数高、介质损耗因数低等优良的介电性能，广泛用于互感器、电容器和电容式套管的电容屏间绝缘隔层，用以改善设备内部电场分布，提高绝缘材料利用率。

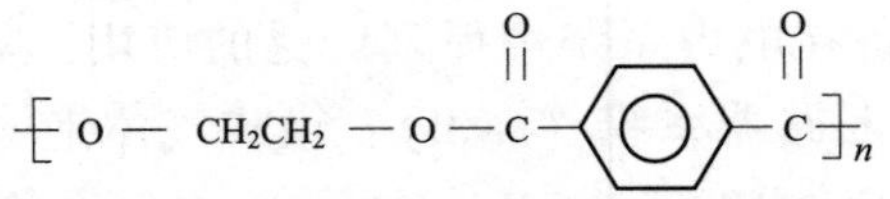

$$\left[O - CH_2CH_2 - O - \overset{\overset{O}{\|}}{C} - \hexagon - \overset{\overset{O}{\|}}{C} \right]_n$$

图 4-1　聚酯薄膜的化学结构式

聚酯薄膜一般情况下在温度大于 150℃ 时开始裂解，主要生成 CO、CO_2 和低分子烃等分解产物，高温下如与 SF_6 气体裂解产物化合，还能进一步生成 CF_4 和 CS_2 等产物。

4. 绝缘纸

绝缘纸是电气绝缘用纸的总称。分子式为 $C_6H_{10}O_5$，由 C、H、O 等元素组成，是一种人造纤维。其主要用于变压器、互感器匝间绝缘、绕组抽头绝缘和电容式套管的电容层材料，一般情况下当温度大于 125℃ 时开始裂解，主要产生 CO、CO_2 和低分子烃。

5. 绝缘漆

绝缘漆又称为绝缘涂料，是一种能在一定的条件下固化成绝缘膜的重要绝缘材料。是由 C、H、O、N 等元素组成的高分子聚合物，其浸附着在互感器、变压器绕组及铁芯表面，作为匝层间绝缘。一般情况下当温度大于 130℃时开始裂解，主要产生 CO、CO_2 和低分子烃。

三、SF₆ 电气设备内部故障

（一）SF₆ 电气设备内部故障类型

按照 SF₆ 电气设备的故障性质，可分为放电性故障、过热性故障、机械性故障和部件受潮缺陷等，其中机械性故障和部件进水受潮缺陷最终常以过热性故障和放电性故障的形式表现出来。放电性故障又分为电晕放电、火花放电和电弧放电几种形式，过热性故障依据过热温度也分为低温、中温和高温过热。常见的故障类型有以下几种：

1. 导电回路对地放电

此类故障主要表现在 GIS 等 SF₆ 电气设备中存在自由导电颗粒或绝缘子、绝缘拉杆劣化以及存在气泡和杂质等，在高压导体和外壳之间形成导电通路引起导电回路对地放电。这类放电性故障能量大，使 SF₆ 气体和固体绝缘材料分解，通常会产生大量的 SF_4、SOF_2、SO_2、CF_4、CS_2、CO_2、CO 及金属氟化物等分解产物。

2. 悬浮电位放电

此类故障通常表现在断路器动触头与绝缘拉杆间的连接插销松动、电流互感器二次引出线电容屏的固定螺丝松动、避雷器电阻片固定螺丝松动，或因开关操作所产生的机械振动导致零部件位移引起周围金属部件间悬浮电位放电。这类故障的能量较小，通常不涉及固体绝缘材料的分解，一般情况下只生成 SF₆ 分解及水解产物，如 SO_2、HF 等。

3. 导电部位接触不良

对于运行中的设备，当热点温度超过 350℃时，SF₆ 和周围固体绝缘材料开始热分解；当温度达 700℃以上时，将造成动、静触头或导电杆连接处梅花触头外的包箍逐步蠕变断裂，最后引起触头融化脱落，引起绝缘子和 SF₆ 分解，其主要分解产物为 SO_2、HF 等。

4. 变压器、互感器匝层间和套管电容屏放电

变压器、互感器匝层以及互感器、套管电容屏是其绝缘薄弱环节。当上述 SF₆ 电气设备存在绕组匝间、电容屏层间短路或局部放电故障时，会造成故障区域的 SF₆ 气体和聚酯薄膜等固体绝缘材料裂解，产生 SO_2、SO_2F_2、SOF_2、H_2S、CS_2、HF、CO 和低分子烃等分解产物。

5. 断路器重燃

断路器正常开断时，电弧一般在 1~2 个周波内会自行熄灭，但当断路器分合闸不到位或灭弧性能下降时，可能会导致电弧不能及时熄灭或熄灭后重燃，将灭弧室喷嘴及合金触头灼伤，并引起 SF₆ 气体、固体绝缘材料和触头金属材料的分解与化合，主要生成 SF_4、SO_2、SOF_2、CF_4、WF_6、AlF_3 和 CuF_2 等产物。

6. 断路器断口并联电阻、电容内部短路

因断路器断口的并联电阻、均压电容质量不佳引起的短路故障，此类故障 SF₆ 气体

分解产物主要为 SF_4、SOF_2、SO_2 和 HF 等。

（二）常见故障的可能部位

通过对数百台 SF_6 电气设备故障实例统计分析，将各类设备出现故障的可能部位归纳如下：

1. 断路器

（1）绝缘拉杆连接插销松动引起悬浮电位放电。

（2）触头灼伤、灭弧室及气缸灼伤乃至击穿。

（3）电弧重燃，将触头和喷嘴灼伤。

（4）动、静触头接触不良。

（5）均压罩、导电杆对壳放电。

（6）内部螺丝松动，引起悬浮电位放电。

（7）断口并联电阻放电。

（8）盆式绝缘子中杂质、气泡、裂纹和表面脏污，绝缘性严重降低，直至引起对壳放电。

2. 电流互感器

（1）绝缘支撑柱、绝缘子对壳放电。

（2）二次引线电容屏及其固定螺帽悬浮电位放电。

（3）二次线圈内部放电。

（4）铁芯局部过热及压钉悬浮电位放电。

（5）盆式绝缘子中杂质、气泡、裂纹和表面脏污，引起对壳放电。

3. 电压互感器

（1）绝缘支撑柱、绝缘子对壳放电。

（2）线圈内部放电。

（3）铁芯局部过热及压钉悬浮电位放电。

（4）盆式绝缘子中杂质、气泡、裂纹和表面脏污，引起对壳放电。

4. 隔离开关、接地开关

（1）绝缘拉杆局部放电。

（2）动、静触头接触不良，严重过热乃至引起局部放电。

（3）盆式绝缘子中杂质、气泡、裂纹和表面脏污，引起对壳放电。

5. 变压器

（1）匝层间局部放电。

（2）绝缘垫块、支架和绝缘子局部放电。

（3）导电引线相间和对地放电。

（4）铁芯局部过热。

（5）内部螺丝、铁芯压钉松动，引起悬浮电位放电。

6. 母线

（1）触头接触不良导致严重过热，或引起其附近绝缘子对壳放电。

（2）绝缘支架上母线固定卡扣与螺丝松动引起悬浮电位放电。

（3）导体连接屏蔽罩固定螺丝松动，引起悬浮电位放电。

（4）盆式绝缘子中杂质、气泡、裂纹和表面脏污，引起对壳放电。

7. 套管

（1）电容屏内部局部放电。

（2）二次引出线电容屏固定螺帽松动引起悬浮电位放电。

（3）盆式绝缘子中杂质、气泡、裂纹和表面脏污，引起对壳放电。

8. 避雷器

（1）避雷器阀片质量不良引起局部过热和放电。

（2）电阻片穿芯杆的金具和碟簧、固定螺丝及垫片之间悬浮电位放电。

（3）盆式绝缘子中杂质、气泡、裂纹和表面脏污，引起对壳放电。

⚡ 第二节　SF₆气体湿度测试与故障分析

SF₆新气和气体绝缘设备中的SF₆气体都不可避免的含有水分，气体中的水分（水蒸气）的含量称之为湿度，国家计量技术规范对"常用湿度计量名称术语"定义如下：

水分——物质中水的含量，但一般用来表示固体和液体中水的含量。

湿度——气体中水蒸气的含量。

水蒸气——亦称水汽。水的气态，由水气化或冰升华而成。

干气——不含水蒸气的气体。

湿气——干气和水蒸气组成的混合物。

露点温度——压力为 P、温度为 T、混合比为 γ 的湿气，热力学露点温度 T_d 是指在此给定压力下，该湿气为水面所饱和时的温度。

饱和蒸汽压——水蒸气与水（或冰）面共处于相平衡时的水蒸气压。

质量混合比——湿气中水蒸气的质量与湿气的质量之比，也称混合比。

质量分数——质量混合比乘以 10^6。

体积分数——湿气中水蒸气的分体积与湿气的总体积之比乘以 10^6。

绝对湿度——单位体积中水蒸气的质量。

相对湿度——湿气中水蒸气的摩尔分数与相同温度和压力条件下饱和水蒸气的摩尔分数之百分比。

湿度计量有多种表示方法，露点、饱和蒸汽压、质量分数、体积分数、绝对湿度、相对湿度都可以用来表示气体中水汽的含量。从保证SF₆气体绝缘电气设备安全的角度来说，露点表示方法更好，因为它能直观地表示设备中气体的结露风险；从测试的角度来说，用气体中水分的体积比或质量比来表示，由于测试数值与设备压力无关，无需计算因而现场使用更为方便。

一、湿度检测方法

SF₆气体湿度检测方法有质量法、电解法、露点法和阻容法等，现场测试中，阻容法和露点法应用较广。

1. 质量法

让 SF_6 试样通过已知质量的水分吸收管路，试样中的水分被管路中的无水高氯酸镁 $[Mg(ClO_4)_2]$ 吸收，管路质量的增加值即为 SF_6 含水量。

此方法测量准确，但实施难度大，难以实现仪器化，主要用作实验室仲裁。

2. 电解法

电解法定量基础为法拉第电解定律，当被测气体流经装有两个铑电极的电解池，气体中的水分被电解池内的五氧化二磷（P_2O_5）膜层连续吸收，并被电解为 H_2 和 O_2，同时 P_2O_5 得以再生，检测到的电解电流大小与 SF_6 气体水分含量成正比关系，从而计算出被测气体的湿度值。

电解法测量准确，仪器价格低、维修方便，但操作较为复杂，流量控制要求精准，耗气量较大，且使用前需用高纯氮气长时间干燥电解池，目前现场测试已较少采用。

3. 露点法

被测试气体在恒压下，以一定流量经露点仪密闭槽中被冷却的抛光金属镜面，当气体中的水蒸气分压随镜面温度的逐渐降低而达到饱和蒸汽压时，镜面开始凝结出露（霜），此时所测到镜面温度即为露点。

露点法稳定性好，精度高，适用于精密测试，但易受温度、压力等因素影响，样气中如有烃类等杂质，先于水蒸气凝露，也会影响露点检测结果。

4. 阻容法

被测气体通过湿度检测仪传感器时，气体湿度的变化引起传感器湿敏元件电阻值、电容量的改变，通过仪器自动计算从而得到 SF_6 气体湿度值。阻容式湿度测试仪常用的湿敏元件有高分子薄膜和氧化铝元件两种。

阻容法具有测量范围宽、响应速度快、耗气量少、抗干扰强，不受低沸点物质的影响等优点，适于现场使用。但相比电解法和露点法，测量精度较差，同时传感器本身存在衰变问题，需要定期用标准源校正响应曲线。

二、SF_6 气体湿度现场测试

（一）测试仪器及管路的要求

1. 对湿度测试仪的要求。湿度测试仪在环境温度 5~35℃ 应达到以下要求

（1）冷凝式露点仪的测量露点范围在环境温度为 20℃ 时，应满足 0~-60℃，其测量误差不超过 ±0.6℃。

（2）阻容式湿度测试仪测量范围应满足 0~60℃，其测量误差不应超过 ±2.0℃。

（3）电解式湿度测试仪测量范围应满足 1~1000μL/L；其引用误差 1~30μL/L 范围内不超过 ±10%；30~1000μL/L 范围内应不超过 ±5%。

（4）应具有流量调节功能，且流量不超过 1L/min。

2. 对测量气路系统的要求

（1）测量管路必须用不锈钢管、铜管或聚四氟乙烯管，壁厚不小于 1mm，内径为 2~4mm。管道内壁应光滑清洁，不允许使用高弹性材料管道，如橡皮管、聚氯乙烯管等；测量管路长度一般不超过 6m。

（2）接头应采用金属材料，内垫用金属垫片或用聚四氟乙烯垫片，接头应清洁、焊

剂和油脂等污染物应清除掉。

（3）测量管路和接头与设备连接前，各接头和管路部分可用500W以上的吹风机，用热风吹干后，再与仪器连接。

（4）测量仪器的气体出口应接试验尾气回收装置或气体收集袋，对测量尾气进行回收。若仪器本身带有回收功能，则启用其自带功能回收。

（二）测试仪器连接待检设备

SF₆电气设备中气体湿度可以用露点式、阻容式和电解式湿度测试仪测量。采用导入式的取样方法，取样点必须设置在足以获得代表性气体的位置并就近取样。测量时将湿度测试仪与待检测设备用气路接口连接，连接方法同第3章气体纯度测试方法，参见图3-4。

（三）检测步骤

1. 露点法

（1）取样。取样步骤如下：

1）冷凝式露点仪采用导入式的取样方法。取样点必须设置在足以获得代表性气样的位置并就近取样。

2）取样阀选用死体积小的针阀。取样管道不宜过长，管道内壁应光滑清洁；管道无渗漏，管道壁厚应满足要求。

3）当测量准确度较低或测量时间较长时，可以适当增大取样总流量，在气样进入仪器之前设置旁通分道。

4）环境温度应高于气样露点温度至少3℃，否则要对整个取样系统以及仪器排气口的气路系统采取升温措施，以免因冷壁效应而改变气样的湿度或造成冷凝堵塞。

（2）试漏。采用SF₆气体检漏仪对仪器气路系统进行试漏。

（3）测量。测量步骤如下：

1）根据取样系统的结构、气体湿度的大小用被测气体对气路系统分别进行不同流量、不同时间的吹洗，以保证测量结果的准确性。

2）测量时缓慢开启调节阀，仔细调节气体压力和流速。测量过程中保持测量流量稳定，并从仪器直接读取露点值。检测过程中随时监测被测设备的气体压力，防止气体压力异常下降。

2. 电阻电容法

（1）取样和试漏步骤同露点法。

（2）测量。步骤如下：

1）仪器开机、预热。

2）有干燥保护旋钮的仪器，将旋钮旋置到正常测量位置。

3）流量调节阀旋至最小位置，即关闭流量。

4）测量时缓慢开启调节阀，仔细调节气体压力和流速。测量过程中保持测量流量稳定，待仪器示数稳定后读取检测结果并记录。

5）测量完毕后，干燥保护旋钮旋置到保护状态，关机。

3. 电解法

（1）标定流量计。当气样种类和室温、气压不同时，须用皂膜流量计对测量流量计进行标定。

（2）干燥电解池。用经干燥的气样吹洗仪器（同时电解），达到仪器规定要求。当采用辅助气（例如经干燥的氮气）进行干燥时，最好用四通阀切换。

（3）取样和试漏。步骤同露点法。

（4）测量本底值。气样流经分子筛或 P_2O_5 干燥器后导入仪器，并按规定的流量吹洗（同时电解）至达到低而稳定的数值，即为仪器的本底值（通常可达 5μL/L 以下）。

（5）测量。把测量流量准确调定在仪器规定的数值（通常为 100L/min），调节旁通流量约为 1L/min，在仪器示值稳定至少 3 倍时间常数后读数。

（四）注意事项

1. 露点法

（1）仪器开机充分预热。

（2）若对露层传感器表面污染误差无自动补偿功能，或者此表面污染严重时，均须用适当溶剂对其作人工清洗。

（3）SF_6 设备的取样口与湿度仪进气端的连接管道要尽可能的短，检查测试气路系统所有接头的气密性，确保无泄漏。

（4）进气口的过滤器应定期清洗，以保持气路清洁畅通。

（5）测量时缓慢开启调节阀，仔细调节气体压力和流速。测量过程中保持测量流量稳定，并随时检测被测设备的气体压力，防止设备压力异常下降。

（6）如果被测 SF_6 气体中以蒸气形式存在的杂质（如烃类）会先于水蒸气而结露，或者气体中含有能与水共同在镜面上凝结的物质（如甲醇），则会严重干扰露点仪的测定，此时可改用阻容式或电解式仪器进行测量。

（7）由于露点仪采用冷却镜面使水蒸气凝露的方法来测量气体湿度，在环境温度很高时测量湿度较低的气体，有可能出现仪器的制冷量不足导致镜面不能结露的情况发生，此时应选择早晚温度较低的时段重新进行测量，或换用阻容式等其他类型的仪器测试。

（8）测量完毕后，用干燥氮气吹扫仪器 15~20min 后，关闭仪器，封好仪器气路进出口备用。

2. 阻容法

（1）仪器开机充分预热。

（2）湿敏元件的感湿部分不能以手触摸，并避免受污染、腐蚀或凝露。

（3）在尘土或现场污染较大的场所使用时，一定要安装外罩或过滤器等装置。

（4）仪器应按有关规定适时校准。当仪器无温度补偿时，校准温度应尽量接近使用温度。

（5）不应在湿度接近 100%RH 的气体中长期使用。

（6）测量时缓慢开启调节阀，仔细调节气体压力和流速。测量过程中保持测量流量稳定，并随时检测被测设备的气体压力，防止设备压力异常下降。

（7）测量完毕后，用干燥 N₂ 吹扫仪器 15～20min 后，关闭仪器，封好仪器气路进出口备用。

3. 电解法

（1）气样中应尽可能不含有杂质微粒，油污及其他破坏性组分。

（2）当气样含有少量破坏性组分或清洁度较差以及湿度较高（500μL/L 以上）时，宜采用间歇测量法。

（3）当气样湿度超过仪器测量上限时，可降低测量流量进行测量，此时仪器的测量上限相应扩大。

（五）检测验收

（1）检查检测数据是否准确、完整。

（2）恢复设备到检测前状态。

（3）检查被测设备 SF₆ 气体逆止阀恢复状态，用便携式 SF₆ 气体检漏仪对 SF₆ 气体接口逆止阀进行检漏，确认无泄漏后旋上保护盖帽。

（六）检测数据分析与处理

（1）由于环境温度对设备中气体湿度有明显的影响，测量结果应折算到 20℃ 时的数值。

（2）如设备生产厂提供有折算曲线、图表，可采用厂家提供的曲线、图表进行温度折算。

（3）在设备生产厂没有提供可用的折算曲线、图表时，温度折算推荐参考 DL/T 506—2018 附录 C 中的折算公示和 SF₆ 气体湿度测量结果温度折算表进行折算。

（4）SF₆ 气体可从密度监视器处取样，测量细则可参考 DL/T 506、DL/T 914 和 DL/T 915。测量结果应满足表 4-1 的要求。

表 4-1　　　　　　　　现场测试 SF₆ 气体湿度检测标准

试验项目	要求		
	气室名称	新充气后	运行中
湿度（H₂O）	有电弧分解物的气室	≤150μL/L	≤300μL/L（注意值）
	无电弧分解物的气室	≤250μL/L	≤500μL/L（注意值）
	箱体及开关（SF₆ 绝缘变压器）	≤125μL/L	≤220μL/L（注意值）
	电缆箱及其他（SF₆ 绝缘变压器）	≤220μL/L	≤375μL/L（注意值）

三、SF₆ 气体湿度故障分析

（一）SF₆ 电气设备中气体水分的来源

SF₆ 新气和设备中的 SF₆ 气体都不可避免的含有水分，其主要来源为新气中的残留、安装及检修带入以及运行中产生。

1. 新气中残留

新气中的水分来自生产过程中残留和充装过程中带入。SF₆ 在合成后，要经过热解、碱洗、水洗、干燥吸附等工艺，虽然经过严格干燥，但仍会残留少量水分。SF₆ 在充装到设备过程中，也难免带入水分。另外，气瓶如果存放时间过长，大气中的水分会向瓶内渗透，使SF_6气体含水量升高。因此标准规定，SF_6气体充入设备前，对存放半年以上的气瓶，应复测SF_6气体湿度，合格后方能充入设备。

2. 设备在生产装配或充气过程中带入

设备生产装配过程中在空气中暴露时间过长，可能将空气中的水分带到设备内部。虽然设备组装完毕后有抽真空和充氮置换等干燥处理环节，但附着在设备内壁和部件上的水分不可能完全清除干净。另外，设备中的环氧树脂等固体绝缘材料为浇筑件，其含水量一般在$0.1\% \sim 0.5\%$之间，运行时水分将逐步释放出来，直至与气体中的水分达到动态平衡。此外在向设备充气时气瓶直立，管路、接口未干燥，都可能导致水分被引入设备中。

3. 设备运行中产生的水分

SF_6分子为球状，直径4.56×10^{-10}m，水分子为细长棒状，直径3.20×10^{-10}m，由于大气中的水蒸气分压比设备内部水蒸气分压大得多，体积小、形状细长的水分子会自动从高压区向低压区渗透，设备在运行过程中，如果金属法兰与瓷件的贴合不严密或密封件老化，水分就会渗透进入设备内部。外界气温越高、相对湿度越大，内外水蒸气压差就越大，大气中的水分渗透到设备内部的可能性就越大。此外置于设备内部的吸附剂饱和失效，也会导致设备内部含水量随时间的推移逐渐增加。

4. 内部故障时产生

当内部故障涉及环氧树脂、绝缘纸等固体绝缘材料时，这些固体绝缘材料分解物与HF等故障产气反应将生成水，水分蒸发扩散到气相，使气体中的水含量不断增加，直至动态平衡。

（二）水分对设备的危害

1. 分解产物水解反应生成氢氟酸、亚硫酸

SF_6气体是非常稳定的，在一个大气压下温度低于350℃时一般不会自行分解，但当水分含量较高时，温度高于200℃时就可能发生水解反应，生成SO_2和HF；SO_2可进一步与H_2O反应成亚硫酸。

氢氟酸和亚硫酰都具有腐蚀性，可严重腐蚀电气设备。

2. 加剧低氟化物水解

当内部发生放电故障时，电弧高温达2000℃以上，在这样的高温下，SF_6可分解成原子态S和F。电弧熄灭后，绝大部分S、F原子又重新复合成SF_6，少部分SF_6分子裂解后复合不完全而生成SF_5、SF_4、SF_2等低氟化物，由于水分的存在，低氟化物可进一步水解生成SOF_2和SO_2，其反应式如下：

$$SF_6 \rightarrow S+6F \rightarrow SF_4+F_2$$
$$SF_4+H_2O \rightarrow SOF_2+2HF$$
$$SOF_2+H_2O \rightarrow SO_2+2HF$$

SF_6气体中水分含量增加，会加速上述反应。

3. 使金属氟化物水解

在SF_6气体被电弧分解成原子态S和F的同时，合金触头蒸发释放出大量的铜、钨

蒸汽，该蒸汽与 SF_6 分解物在高温下会发生反应，生成金属氟化物和低氟化物。

$$4SF_6+W+Cu\rightarrow 4SF_4+WF_6+CuF_2$$

$$2SF_6+W+Cu\rightarrow 2SF_2+WF_6+CuF_2$$

$$4SF_6+3W+Cu\rightarrow 2S_2F_2+3WF_6+CuF_2$$

气态的 WF_6 与 H_2O 会继续反应：

$$WF_6+3H_2O\rightarrow WO_3+6HF$$

生成的 WO_3 和 CuF_2 呈粉末状沉积在灭弧室内。SF_2 与 S_2F_2 在电弧作用下还会再次反应成为 SF_4，SF_4 进一步水解成氟化亚硫酰。

$$2SF_2\rightarrow SF_4+S$$

$$2S_2F_2\rightarrow SF_4+3S$$

$$SF_4+H_2O\rightarrow SOF_2+2HF$$

氟化亚硫酰是剧毒物，对人体有很大的危害；HF 也是毒性气体，它不仅具有腐蚀性，而且能烧伤肌体；HF 还能与含硅的绝缘件，如填充玻璃丝纤维和石英粉的环氧树脂浇注件反应，不仅腐蚀固体部件的表面，生成的水分也会降低设备绝缘性能。

$$4HF+SiO_2\rightarrow SiF_4+2H_2O$$

$$SiF_4+2HF\rightarrow H_2SiF_6$$

4. 在设备内部结露，降低绝缘性能

正常状态下气体中的水分以水蒸气的形式存在，但当设备温度降低到结露温度以下时，水蒸气将结露，并附着在设备内壁和绝缘子等部件的表面，极大地降低设备绝缘性能，严重时将导致沿面放电（闪络），引发事故。

（三）SF_6 电气设备水分的控制指标

20℃，101.3kPa 时 SF_6 新气和电气设备气体湿度的控制指标见表 4-2。

表 4-2　　　　　　　　　20℃/101.3kPa 时 SF_6 气体湿度的控制指标

气室	灭弧气室（μL/L）	其他气室（μL/L）	新气
交接试验	≤150	≤250	≤5mg/kg，或≤40μL/L
例行试验	≤300	≤500	

（四）SF_6 电气设备水分的检测周期

对于新投设备，投运测试值若接近注意值，半年之后应再测一次；新充（补）气 48h 之后至 2 周之内应测试一次。

对于运行设备，一般按照设备电压等级来确定的 SF_6 气体湿度的检测周期，必要时，如气体压力明显下降时，应定期跟踪测试，具体见表 4-3。

表 4-3　　　　　　　　　　　SF_6 气体湿度的检测周期

电压等级（kV）	SF_6 气体湿度检测周期
750~1000	（1）新安装及大修后 1 年复测 1 次，正常后 1 年 1 次； （2）必要时

续表

电压等级（kV）	SF$_6$ 气体湿度检测周期
66~500	（1）新安装及大修后1年复测1次，正常后3年1次； （2）必要时
≤35	（1）新安装及大修后1年复测1次，正常后4年1次； （2）必要时

（五）案例

【案例 4-1】

故障类别：电流互感器湿度超标。

案例描述：某500kV变电站投运两年后先后发现多支500kV SF$_6$电流互感器气体湿度超标隐患，严重影响电网安全稳定运行，查明原因后，缺陷设备得以更换。

2005年9月28日，试验人员在对某500kV变电站500kV 5061开关间隔预防性试验中，发现B相开关TA的SF$_6$气体湿度值严重超标，测试值高达1009.2μL/L，而A、C相湿度分别为90.8μL/L和118.9μL/L，都在合格范围且数值较低，因此，判定B相TA内部存在缺陷。TA生产厂家给出的解决方案是更换SF$_6$气体，但试验人员怀疑TA中的水分来源于设备内部绝缘材料，换气处理治标不治本。因此在SF$_6$气体更换后试验人员缩短了试验周期，并密切监测TA运行状况。

2006年3月29日试验人员对5061开关B相TA进行跟踪试验，SF$_6$气体湿度由换气后的124.4μL/L迅速增长到314.1μL/L，再一次超过了试验标准，2006年5月9日湿度值更是达到了512.2μL/L。试验人员还对5061开关A、C相TA做了对比测试，湿度分别为91.3μL/L和120.1μL/L，测试值仍在合格范围内且与上次测试值比较无明显增长趋势，表明B相TA内部确实存在严重缺陷，测试数据见表4-4。经专家讨论，5061开关TA作为缺陷设备退出运行并于2006年6月24日进行了更换。

在2006~2008年度预防性试验中，试验人员又相继发现500kV 5021、5023、5053开关TA等多支SF$_6$电流互感器存在气体湿度超标的现象，表明该批次设备在制造环节中可能存在相同的工艺质量问题或家族性缺陷。

表 4-4　　　　　　　　　5061 开关 TA 气体湿度测试结果 （μL/L）

测试日期	A	B	C	备注
2005-09-28	90.8	1009.2	118.9	湿度超标
2005-10-16	—	124.4		换气处理后
2006-03-29	—	314.1	—	湿度再次超标
2006-05-09	91.3	512.2	120.1	

1．故障分析

试验人员通过查阅设备的原始数据及高压试验结果，并与厂家在设备制造环节上进行深入沟通，最后判定设备缺陷性质为设备内部固体绝缘材料缺陷，原因为二次绕组绝缘膜干燥不彻底。电流互感器投入运行后未干燥彻底的固体绝缘材料不断向设备气室内释放水分，进而导致吸附剂饱和，直至湿度超标现象被试验人员检测到。第一次缺陷处理，厂家只是简单的将 SF₆ 气体进行了更换，设备内部的吸附剂并未处理就重新投入运行，饱和状态的吸附剂不仅没起到吸收水分的作用，反而不断向外释放水气，加之固体绝缘材料中的水分可能仍未释放完毕，最后造成电流互感器湿度值再次超过注意值。

其他多支缺陷设备，之所以在投运 2 至 4 年内才发现气体湿度超标现象，是因为设备内部固体绝缘材料在制造和装配环节中干燥程度不同，向外释放水分的时间和程度不同，置于设备内部的吸附剂逐渐饱和直至失效的时间点也就不一致。此案例也证明了合理安排试验周期对及时发现和判断设备潜伏性缺陷的重要性。

2. 处理方案

5061 开关 TA 退出运行并于 2006 年 6 月 24 日进行了更换。其他所有存在缺陷的设备也均已返厂更换。

⚡ 第三节　SF₆气体分解产物测试与故障分析

SF₆ 气体分解产物测试可有效发现 SF₆ 气体绝缘设备的绝缘缺陷，如绝缘介质沿面缺陷、设备内部的局部放电和异常发热、灭弧室及触头的异常烧蚀等。相比传统的电测法以及新兴的超声波法、特高频法等检测手段，SF₆ 气体分解产物测试法具有受现场测试环境干扰小、灵敏度高、识别性强、准确性好等优势，逐渐成为运行设备状态监测和故障诊断不可或缺的手段之一。SF₆ 气体分解物常见检测方法有电化学法、气体检测管检测法、气相色谱法、红外吸收光谱法、光声光谱法、动态离子法等。对现场常用的试验方法和操作步骤介绍如下。

一、分解产物检测方法

（一）电化学法检测方法

大量的试验研究和现场检测结果表明，运行设备产生的 SF₆ 气体分解产物种类繁多，常见的组分有 HF、SO_2、SOF_2、SO_2F_2、H_2S、CF_4、CS_2、CO 等，但现有的电化学传感器对 SOF_2、SO_2F_2、CF_4 等特征组分无响应，而 HF 由于其强腐蚀性，且性质活泼，易与其他物质反应，生成更为稳定的氟化物，目前仍缺乏 HF 标准物质，难以进行相关的定性和定量等工作，所以现场常以 SO_2、H_2S、CO 等组分作为检测对象。

1. 检测原理

电化学法根据被测气体中的不同组分及浓度改变电化学传感器相应输出电信号，从而确定被测气体中的组分及其含量。电化学法检测速度快，效率高，但也存在检测气体组分单一，传感器使用寿命短，以及被测组分如 SO_2、H_2S 间有干扰等缺点。

2. 电化学法传感器检测法主要技术指标

（1）对 SO_2 和 H_2S 气体的检测量程应不低于 $100\mu L/L$，CO 气体的检测量程应不低于 $500\mu L/L$。

（2）检测时所需气体流量应不大于 $300mL/min$，响应时间应不大于 $60s$。

（3）最小检测量应不大于 $0.5\mu L/L$。

（4）检测用气体管路应使用聚四氟乙烯管（或其他不吸附 SO_2 和 H_2S 气体的材料），壁厚不小于 1mm、内径为 2~4mm，管路内壁应光滑清洁。

（5）气体管路连接用接头内垫宜用聚四氟乙烯垫片，接头应清洁，无焊剂和油脂等污染物。

3. 检测步骤

（1）测量前将气体分解产物测试仪与待检测设备用气路接口连接，连接方式同第三章气体纯度测试方法，参见图 3-4。

（2）仪器开机进行自检，检查测量仪器电量，若电量不足应及时充电，用高纯度 SF_6 气体冲洗检测仪器，直至仪器示值稳定在零点漂移值以下，对有软件置零功能的仪器进行清零。

（3）用气体管路接口连接检测仪与设备，采用导入式取样方法测量 SF_6 气体分解产物的组分及其含量。检测用气体管路不宜超过 5m，保证接头匹配、密封性好，不得发生气体泄漏现象。

（4）检测仪气体出口应接试验尾气回收装置或气体收集袋，对测量尾气进行回收。若仪器本身带有回收功能，则启用其自带功能回收。

（5）根据检测仪操作说明书调节气体流量进行检测，根据取样气体管路的长度，先用设备中的气体充分吹扫取样管路的气体。检测过程中应保持检测流量的稳定，并随时注意观察设备气体压力，防止气体压力异常下降。

（6）根据检测仪操作说明书的要求判定检测结束时间，记录检测结果，重复检测两次。

（7）检测过程中，若检测到 SO_2 或 H_2S 气体含量大于 $10\mu L/L$ 时，应在本次检测结束后立即用 SF_6 新气对检测仪进行吹扫，直至仪器示值为零。

（8）检测完毕后，关闭设备的取气阀门，恢复设备至检测前状态。

4. 注意事项

（1）检测仪应在检测合格报告有效期内使用，需每年进行校验。

（2）仪器在运输及测试过程中防止碰撞挤压及剧烈震动。

（3）在测量过程中，调节针型阀时应慢慢打开，防止压力突变损坏传感器。

5. 检测验收

（1）检查检测数据是否准确、完整。

（2）恢复设备到检测前状态。

（3）检查被测设备 SF_6 气体逆止阀恢复状态，用便携式 SF_6 气体检漏仪对 SF_6 气体接口逆止阀进行检漏，确认无泄漏后旋上保护盖帽。

（二）气体检测管检测法

1. 检测原理

气体检测管检测法也称北川氏法，是一种气体快速测定方法。检气管以多孔性固体颗粒吸附化学试剂后填充于细玻璃管中。现场测定时，被测气体通过检气管，与管内填充的化学试剂发生反应生成特定的化合物，并引起指示剂颜色变化，根据颜色变化的深浅或变色长度得到被测气体所测组分的含量。典型气体检测管外形如图 4-2 所示。

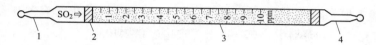

图 4-2　典型气体检测管外形图

1、4—封口尖端；2—塞填料；3—指示层

检测管法主要针对 SO_2 和 HF 进行检测，二者都是酸性物质，但检测原理却不一样，HF 采用酸碱反应，SO_2 采用氧化还原反应，由于反应机理不同，这两种物质测试前不需要进行分离。检测管法的缺点是容易受到温度、湿度和存放时间的影响，且对其他主要分解气体没有检测作用，不能全面反应 SF₆ 分解气体组分情况。

2. 气体检测管检测法主要技术指标

（1）用气体采集装置或气体采样容器与采样器配套进行气体采样，采样容器应具有抗吸附能力。

（2）检测气体管路应使用聚四氟乙烯管（或其他不吸附 SO_2 和 H_2S 气体的材料），壁厚不小于 1mm、内径为 2~4mm，管路内壁应光滑清洁。

（3）气体管路连接用接头内垫宜用聚四氟乙烯垫片，接头应清洁，无焊剂和油脂等污染物。

3. 检测步骤

（1）气体采集装置检测方法如下：

1）用气体管路接口连接气体采集装置与设备取气阀门，按检测管使用说明书要求连接气体采集装置与气体检测管。

2）打开设备取气阀门，按照检测管使用说明书，通过气体采集装置调节气体流量，先冲洗气体管路约 30s 后开始检测，达到检测时间后，关闭设备阀门，取下检测管。

3）从检测管色柱所指示的刻度上，读取被测气体中所测组分指示刻度的最大值。

4）检测完毕后，恢复设备至检测前状态。用 SF₆ 气体检漏仪进行检漏，如发生气体泄漏，应及时维护处理。

（2）气体采样容器检测方法简述。

1）气体取样检测方法如下：

① 按图 4-3 所示连接气体采样容器取样系统。

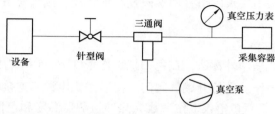

图 4-3　气体采样容器取样系统示意图

② 关闭针型阀门，旋转三通阀，使采集容器与真空泵接通，启动真空泵对取样系统抽真空，直至取样系统中的真空压力表降为 -0.1MPa。

③ 维持 1min，观察真空压力表指示，确定取样系统密封性能是否良好。

④ 打开设备取气阀门，调节针型阀门，旋转三通阀，将采样容器与设备接通，使设备中的气体充入采样容器中，充气压力不宜超过 0.2MPa。

⑤ 重复步骤②～④，用设备中的气体冲洗采样容器 2～3 次后开始取样，取样完毕后依次关闭采样容器的进气口、针型阀门和设备阀门，取下采样容器，贴上标签。

2）按照采样器使用说明书，将气体检测管与气体采样容器和采样器连接，按照检测管使用说明书要求对采样容器中的气体进行检测，达到检测时间后，取下检测管，关闭采样容器的出气口。

3）从检测管色柱所指示的刻度上，读取被测气体中所测组分指示刻度的最大值。

4）检测完毕后，恢复设备至检测前状态。用 SF_6 气体检漏仪进行检漏，如发生气体泄漏，应及时维护处理。

(三) 气相色谱检测法

1. 检测原理

色谱法是一种重要的分离分析方法，它以惰性气体（载气）为流动相，以固体吸附剂或涂渍有固定液的固体载体为固定相，利用不同的被测组分在两相中具有不同的分配系数，当两相作相对运动时，被检气体在两相中进行多次反复分配而实现分离，再通过热导检测器（TCD）、火焰光度检测器（FPD）等检测器检测，得出被测气体各组分含量。

气相色谱法对空气、CF_4、CO、CO_2、CS_2、H_2S 等气体有着较好的检测效果。对 SO_2、SOF_2 等气体分解物也能检测，但要注意取样和检测过程中可能混入的水分引起部分被测组分水解而导致的试验结果偏差。

下面以 CF_4 气体检测为例，介绍气相色谱检测法操作步骤及注意事项。

2. 气相色谱检测法主要技术指标

(1) 配置 TCD 检测器，由气路控制系统、进样系统、色谱柱、温度控制系统、检测器和工作站（数据分析系统）等构成。

(2) 氦气（He），体积分数不低于 99.999%。

(3) 使用具有国家标准物质证书的气体生产厂家生产的 CF_4 单一组分气体，平衡气体为 He，含量范围为 50～500μL/L，附有组分含量检验合格证并在有效期内。

(4) 检测气体管路应使用聚四氟乙烯管，壁厚不小于 1mm、内径为 2～4mm，管路内壁应光滑清洁。

(5) 气体管路连接用接头内垫宜用聚四氟乙烯垫片，接头应清洁，无焊剂和油脂等污染物。

3. 检测步骤

(1) 色谱仪标定。采用外标法，在色谱仪工作条件下，用 CF_4 标准气体进样标定。

(2) 检测前准备工作。先打开载气阀门，接通主机电源，连接色谱仪主机与工作站。调节合适的载气流量，设置色谱仪工作参数（热导检测器温度和色谱柱温度等）。待温度稳定后，加桥流，观察色谱工作站显示基线，确定色谱仪性能处于稳定待用状态。

(3) 气体的定量采集。将色谱仪六通阀置于取样位置，连接设备取气阀门与色谱仪取样口。按照色谱仪使用条件，打开设备阀门，控制流量，冲洗定量管及取样气体管路约 1min 后，关闭设备取气阀门。

（4）检测分析。在色谱仪稳定工作状态下，旋转六通阀至进样位置，直至工作站输出显示 CF_4 峰，记录 CF_4 峰面积或峰高，分析完毕，将六通阀转至取样位置。检测完毕后，恢复设备至检测前状态。用 SF_6 气体检漏仪进行检漏，如发生气体泄漏，应及时维护处理。

（四）检测数据分析与处理

（1）检测结果用体积分数表示，单位为 μL/L。

（2）取两次重复检测结果的算术平均值作为最终检测结果，所得结果应保留小数点后 1 位有效数字。

（3）若设备中 SF_6 气体分解产物 SO_2、H_2S 等特征气体含量出现异常，应结合 SF_6 气体分解产物的 CO、CF_4 含量及其他状态参量变化、设备电气特性、运行工况等，对设备状态进行综合诊断。

（五）分解产物的正常值范围及检测周期

1. 分解产物的正常值范围

由于 SF_6 电气设备内部的 SF_6 气体和固体绝缘材料的分解温度较高，而故障初期的能量往往较低，所产生的分解物的量也较少，加之设备内部吸附剂对分解物的吸附作用，可能造成分解产物测试值远低于实际值的现象，因此，要检测出设备内部早期潜伏性故障就必须严格控制 SF_6 分解产物的正常值处于一个较低的范围。分解产物正常值参考指标见表 4-5。

表 4-5　　　　　　　　　　　　SF₆ 分解产物正常值参考指标

设备参数	分解产物浓度 μL/L				备注
	SO_2	H_2S	CO	HF	
断路器	≤1.0	≤1.0	≤100	≤1.0	断路器分合闸 48 h 后
其他设备	≤0.5	≤0.5	≤100	≤0.5	

当检出 SO_2 或 H_2S 含量异常时，应结合设备的结构、气体体积、运行工况和其他试验等进行综合诊断，具体分析处理意见见表 4-6。

表 4-6　　　　　　　　　　SF₆ 气体分解产物含量异常时的分析处理意见

气体组分	控制指标（μL/L）		处理意见
SO_2	≤1	正常值	正常
	1~5	注意值	缩短检测周期
	5~10	警示值	跟踪检测，综合诊断
	>10	可疑故障值	尽快排查
H_2S	≤1	正常值	正常
	1~2	注意值	缩短检测周期
	2~5	警示值	跟踪检测，综合诊断
	>5	可疑故障值	尽快排查

注　1. 灭弧气室的检测时间应在开断 48h 后；

　　2. CO 和 CF_4 作为辅助指标，检测值与交接值（或上一次测试值）比较，若增长显著，应进行综合诊断。

注意事项如下：对于断路器灭弧室，检测出 SO_2、H_2S 等 SF_6 气体分解产物也可能是由于设备开断了大电流所致，可结合断路器的操作记录判断。图 4-4 所示为断路器开断电流 4.71kA（20% 额定开断短路电流）、燃弧时间为 8.8ms 时分解物 SO_2 和 H_2S 随测试时间的变化曲线，从图中可以看出由于设备内吸附剂的作用，特征气体含量在 48h 后降到极低值。此外，故障发生的部位、设备的尺寸、形状、充气体积都可能影响测试结果（见本章 4-3 案例分析），因此，建议故障发生后分时间段多次测试，以便掌握分解产物含量变化趋势，正确判明故障原因。

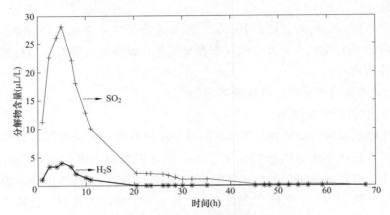

图 4-4　分解物 SO_2 和 H_2S 随测试时间的变化曲线

2. 分解物检测周期

SF_6 电气设备分解物检测周期按不同电压等级来确定，具体见表 4-7。

表 4-7　　　　　　　　　　　　　SF_6 电气设备分解物检测周期

电压等（kV）	分解产物检测周期	备注
750~1000	（1）新安装和解体检修后投运 3 个月内检测 1 次； （2）交接验收耐压试验前后； （3）正常运行每 1 年检测 1 次； （4）必要时检测	必要时是指： （1）设备遭受过电压严重冲击时； （2）设备有异常声响、强烈电磁振动响声时； （3）局部放电异常时
66~500	（1）新安装和解体检修后投运 1 年内检测 1 次； （2）交接验收耐压试验前后； （3）正常运行每 3 年检测 1 次； （4）必要时检测	
≤35	诊断性检测	

二、SF_6 气体分解产物故障分析

根据近年来 SF_6 电气设备的事故统计资料得知，设备绝缘类事故约占 60%，且多数事故往往有一段潜伏和积累的过程，因此，20 世纪末国内外不少学者提出应用 SF_6 气体和固体绝缘材料分解物来诊断设备潜伏性故障的构想，近年来电力企业投入大量人力物力，进行了广泛深入的研究，使这项检测技术逐渐趋于成熟。2013 年国家能源局颁发了 DL/T 1205—2013《六氟化硫电气设备分解产物试验方法》，国家电网公司则编制了

Q/GDW 1896—2013《SF_6 气体分解产物检测技术现场应用导则》，为分解产物检测工作提供了依据。

（一）分解物种类概述

SF_6 电气设备在运行过程中，如果设备内部存在接触不良、磁路饱和或固体绝缘材料存在缺陷又没及时得到处理时，缺陷部位的热稳定性将被破坏，导致设备绝缘性能降低，并引起电气设备局部过热或放电，严重时绝缘材料发生分解乃至引起事故，影响电网设备的安全运行。

当电气设备内部发生放电或过热故障，或者断路器分合闸不到位引起电弧重燃时，将使 SF_6 气体发生不同程度的分解，生成 SF_5、SF_4、SF_2 等分解物，如果设备中存有 O_2 和 H_2O 等杂质，或故障范围涉及固体绝缘材料、金属材料，则 SF_6 分解物会与之发生化学反应，生成 HF、SO_2、SOF_2、SO_2F_2、H_2S、CF_4、CS_2、CO、CO_2、AlF_3、CuF_2 等杂质。SF_6 分解组分形成示意如图 4-5 所示。

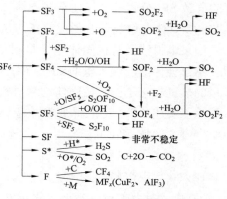

图 4-5 SF_6 分解组分的形成

与图 4-5 相对应，SF_6 电气设备存在内部缺陷或故障时，SF_6 分解组分形成的反应式主要有：

$SF_6 \rightarrow SF_5$、SF_4、SF_3、SF_2、SF、F、S、

$SF_4 + H_2O \rightarrow SOF_2 + 2HF$

$SOF_2 + H_2O \rightarrow SO_2 + 2HF$

$2SF_4 + O_2 \rightarrow 2SOF_4$

$SOF_4 + H_2O \rightarrow SO_2F_2 + 2HF$

$SF_5 + SF_5 \rightarrow S_2F_{10}$

$S_2F_{10} \rightarrow SF_4 + SF_6$

$3SF_6 + W \rightarrow 3SF_4 + WF_6$

$SF_6 + Cu \rightarrow SF_4 + CuF_2$

$3SF_6 + 2Al \rightarrow 3SF_4 + 2AlF_3$

$F + F \rightarrow F_2$

$C + 2F \rightarrow CF_4$

$C + O_2 \rightarrow CO_2$

$S + O_2 \rightarrow SO_2$

$2H + S \rightarrow H_2S$

$C + 2S \rightarrow CS_2$

（二）不同故障类型下的主要分解产物

1. 局部放电故障

SOF_2 和 SO_2F_2 是 SF_6 气体在局部放电（含电晕放电）下生成的主要特征气体，且 SO_2F_2/SOF_2 比值远远大于电弧放电和火花放电情况下的比值。因此，SO_2F_2 是低能放电的主要特征，在高能放电中不能大量产生的原因主要是 SO_2F_2 在高温下不稳定造成的。

此外，SOF_4 主要形成于局部放电中，且极易水解并生成 SO_2F_2，从另一个方面增大了 SO_2F_2 的含量。

近年来，随着对 SF_6 分解物研究的深入，通过对 SF_6 绝缘电流互感器和盆式绝缘子的试验，新发现 CS_2 气体可作为特征组分用于 GIS 盆式绝缘介质局部放电故障的诊断，CS_2 和 H_2S 都是高能量局部放电的特征产物。

2. 电弧放电故障

在电弧放电中，SF_4、SOF_2、SO_2 是 SF_6 气体主要的分解产物，三者一脉相承，后者依次为前者的水解产物。电弧放电中还可检测到微量的 SOF_4 和 SO_2F_2，而 S_2F_{10}、$S_2F_{10}O$ 和 S_2F_2 三种分解产物则极难检测到。

故障引起的电弧放电如断路器分合闸不到位电弧重燃、导体对外壳放电等，高温电弧除导致 SF_6 分解外，还使金属导体和触头合金表面融化蒸发，金属材料在高温下汽化后与 SF_6 气体分解物化合形成 CuF_2、AlF_3、WF_6 等金属氟化物。

如果电弧涉及有机固体绝缘材料如制造灭弧室的聚四氟乙烯，热固型环氧树脂等时，不仅会伴随产生大量的 CF_4、CO_2 和 CO，而且由于电弧放电的能量密度高，会释放大量的热量和光子，致使固体绝缘材料受到严重破坏。

综上所述，SF_6 在电弧放电故障作用下的主要分解产物是 SF_4、SO_2、SOF_2、CF_4、CO_2、WF_6、AlF_3 和 CuF_2 等。

3. 火花放电故障

在火花放电故障作用下，SF_6 气体绝缘介质主要分解产物是 SOF_2、SO_2F_2、SOF_4、SO_2 和 SiF_4。与电弧放电类似，当火花放电故障涉及设备内部的有机固体绝缘材料时，也会伴随产生大量的 CF_4、CO_2、CO 和 SiF_4，即火花放电故障会导致 SF_6 气体绝缘介质和固体绝缘介质逐步劣化。但与电弧放电和局部放电故障明显不同的是，火花放电故障 SF_6 分解产物中还有一定量的 S_2F_{10} 和 $S_2F_{10}O$ 生成，这也是判断设备内部存在火花放电故障显著特征之一。

在火花放电中，SOF_2 也是 SF_6 气体的最主要分解产物。但与电弧放电相比，在火花放电中测得的 SO_2F_2/SOF_2 比值有所增加。表 4-8 列出了不同放电类型产生的 SF_6 气体分解产物中 SOF_2 与 SO_2F_2 生成量的比较，从表 4-8 中可以直观的看出 SO_2F_2 在电弧放电、火花放电、电晕放电中占 SOF_2 与 SO_2F_2 两种气体总和的比例依次升高。

表 4-8　　不同放电类型产生的 SF_6 气体分解产物中 SOF_2 与 SO_2F_2 生成量比较

放电类型	放电时间或操作次数	SO_2F_2（μL/L）	SOF_2（μL/L）	SO_2F_2/SOF_2（比值）
电晕放电（10~15pC）	260h	15	35	0.43
火花放电（170kV 隔离开关开断电容性放电）	200 次	5	97	0.05
	400 次	21	146	0.14
245kV 断路器开断电弧放电	31.5kA，5 次	<50	3390	<0.01
	18.9kA，5 次	<50	1560	<0.03

4. 局部过热故障

SOF_2和SO_2是SF_6在设备内部存在局部过热点时发生分解所生成的主要特征产物，其含量占总分解物含量80%以上，而SO_2F_2和SOF_4则生成相对较少。

局部过热故障往往涉及固体绝缘材料，在热点温度140℃左右时，环氧树脂和聚四氟乙烯等固体绝缘材料仍处于非常稳定的状态，但在此温度下互感器、变压器中主要用作匝间绝缘的聚酯薄膜、绝缘纸和绝缘漆已经开始裂解。当设备内部的氧含量不足时绝缘材料为不完全氧化，主要生成CO，氧含量较充足且过热温度高于240℃时则主要生成CO_2，因此，检测CO、CO_2将有利于SF_6气体绝缘变压器、互感器和套管匝层间故障的早期检出。

当过热温度高于360℃时，H_2S和CS_2才有较明显的生成量；其原因在于S原子来源于SF_6分解，生成S原子需要SF_6断裂6个S-F键，其对应的能量较高。因此，H_2S和CS_2是表征热点温度高低或过热性故障严重程度极为关键的特征分解产物。

与放电故障类似，过热故障涉及有机固体绝缘材料时，也会伴随产生CO_2和CF_4。因此，CO_2和CF_4是区分放电和过热故障是否涉及有机固体绝缘材料的标志性特征产物，其生成量和生成速率直接表征了有机固体绝缘材料劣化的程度。通过进一步研究发现，相对于C原子而言，F原子更容易与故障区域中的金属材料形成金属氟化物MFn，表明CF_4的生成条件较CO_2更为苛刻，生成CF_4所需的能量要比CO_2所需的能量高。因此，可采用CF_4与CO_2含量的比值来表征有机固体绝缘材料劣化程度。CF_4/CO_2比值越大，说明故障程度越高，有机固体绝缘材料的劣化就越严重。

（三）应用SF_6分解物诊断设备内部故障的思路

基于分解组分分析（Decomposed Components Analysis，DCA）方法，能够实现SF_6气体绝缘装备的状态监测和故障诊断，但SF_6电气设备的内部故障的形成和演化是一个非常复杂的过程。例如，内部故障按表现形式可分为电晕放电、悬浮电位放电、火花放电、电弧放电、局部过热等，按故障的持续性，又可分为气体中杂质引起的"软故障"和固体绝缘材料受损的"硬故障"等，这就要求试验人员必须合理运用科学的方法，收集设备工况等各种有效信息，找出气体分解组分与故障类型的关联性，并结合多种检测手段综合判断故障的性质和严重程度。应用SF_6分解物技术诊断设备内部故障可分以下两步进行：

第一步，在诊断设备内部故障时首先要看分解产物组分种类和含量是否超过正常值，同时纵向比较该气室历史数据并估算产气率，再横向比较相邻气室分解产物的组分种类和含量。接下来运用特征气体含量比值如SO_2F_2/SOF_2和CF_4/CO_2等初步判断设备故障类型。

值得注意的是，计算特征组分含量时，还要考虑设备原有吸附剂对气体分解产物的吸附作用以及设备内原有O_2、水分等干扰因素的影响，否则就有可能会掩盖或误判SF_6气体绝缘设备早期潜伏性故障的严重程度，降低故障诊断准确度。

第二步，须对设备安装、检修和运行情况做进一步的了解，尽可能地掌握设备全貌。例如，了解设备的结构、气室大小、充气压力、排气口至本体的距离；了解设备运行时是否有异响声，有否近区短路，冲击过电压等不良工况发生。

同时充分利用其他检测手段综合判断故障性质和严重程度，如气体纯度、湿度数据，断路器机械特性试验、常规电气试验、超声波、特高频局放试验数据，继电保护动作和故障录波情况等，最后根据综合分析结果提出设备检修策略和跟踪监督方案。

设备分解气体或化合气体含量与绝缘缺陷状况之间的关系，还缺乏像检测充油电气设备油中溶解气体组分那样完善而有效的原理、方法及判断标准，一方面跟 SF_6 分解气体种类多、成分复杂、稳定性差有关；另一方面现有的 SF_6 分解气体检测手段还存在诸多不足。也正因为如此，SF_6 分解气体检测技术及故障分析判断方法值得人们继续深入研究。

（四）案例分析

【案例 4-2】

故障类别：断路器电弧重燃灼伤触头故障。

案例描述：某 500kV 变电站 35kV 2-1 电抗器 321 开关例行试验中发现 SF_6 分解产物严重超标，合闸时间、回路电阻等数据均超出注意值，初步判断设备内部存在部件位移、触头灼伤等严重缺陷。该开关型号为 FX11F，由 GEC ALSTHOM 公司生产，1999 年投入运行。

2015 年 3 月 23 日试验人员对 35kV 321 开关进行 SF_6 气体试验，气体纯度合格但湿度接近 300μL/L 的注意值。在测试气体分解产物时，仪器提示 SO_2 含量超出量程 2000μL/L、H_2S 测得值为 73.69μL/L，CO 为 51.0μL/L。由于仪器超量程后启动保护，气体分解产物测试模块停止工作，因此怀疑 H_2S 和 CO 的实际含量比显示值更高。试验数据见表 4-9。

表 4-9   SF$_6$ 气体试验结果

测试日期	环境温度（℃）	相对湿度（%）	额定压力（Mpa）	充气压力（Mpa）	湿度（μL/L）	纯度（%）	分解产物（μL/L）
2015-3-23	22	52	0.55	0.56	256.6	99.1	SO$_2$：>2000，H$_2$S：73.69，CO：51.0

注 SO_2 含量超过仪器量程。

2015 年 3 月 27 日试验人员对 321 开关进行了机械特性及电气试验，试验结果多项指标不合格，具体值见表 4-10。合闸时间比标准大，分闸时间虽然合格，但和同型号同批次的几台对比有较大差距，数据偏小（该站同型号同批次开关的分闸时间都为 40ms 左右），回路电阻偏高。

表 4-10   断路器电气试验结果

试验项目相别	A	B	C
合闸时间（ms）	150.9	150.9	150.9
分闸时间（ms）	29.6	29.6	29.6

续表

回路电阻（μΩ）	168	139	143
技术标准	合闸时间≤145ms，三相不同期≤4ms；分闸时间≤45ms，三相不同期≤4ms；回路电阻35±8μΩ		

注　回路电阻三相均不合格，合闸时间三相均偏大。

2015 年 11 月 5 日，设备运维单位对 321 开关解体大修，设备解体后发现开关触头表面及灭弧室内壁均有大量白色粉末覆盖，且灭弧喷嘴的喷口处有电弧灼伤痕迹，如图 4-6 和图 4-7 所示。

图 4-6　静主触头

图 4-7　静弧触头（中心铜杆）

在解体时还发现，动弧触头及绝缘喷嘴处有电弧灼伤痕迹，说明在灭弧过程中，电弧并未被迅速熄灭，导致绝缘喷嘴被灼伤，如图 4-8～图 4-10 所示。

图 4-8　动主触头

图 4-9　绝缘喷嘴

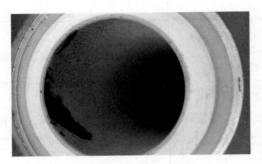

图 4-10　灭弧室内壁

1. 故障分析

缺陷设备运行年限已超过了 15 年，设备部件老化，加之该断路器为调节系统无功功率的电抗器的附属开关，运行时须根据电网需求频繁投切，使得传动系统发生轻微位移和形变，表现在分合闸时间与其他正常断路器有所偏差。断路器部件的位移以及在运行中频繁分合，还造成其吹弧能力减弱，灭弧能力下降，电弧多次重燃，导致断路器弧触头与绝缘喷嘴电弧灼伤。

灭弧室内与 SF_6 气体接触的所有表面都附着了一层白色粉末，同时断路器回路电阻增大，原因是由于断路器频繁投切及分合闸不到位致使电弧重燃，在高温电弧作用下触头合金表面融化蒸发，释放出的大量金属蒸气与 SF_6 气体分解物在高温下发生反应，生成 CuF_2、WO_3 等金属氟化物和氧化物，附着在设备内壁和触头表面，并腐蚀触头合金，从而使断路器接触电阻增加，回路电阻升高。

在正常运行的断路器内部，SF_6 气体中的水分以及在电弧作用下产生的气态分解物都会被设备内部的吸附剂吸收，一旦断路器灭弧能力减弱或发生其他放电故障，将会产生大量分解产物，使得吸附剂逐渐饱和，吸附效果大大减弱甚至失效，同时，过高的水分含量降低了设备的绝缘能力且加剧了分解产物的产生。

2. 处理方案

断路器解体大修，对断路器传动系统和操动机构进行了局部调整，机械特性指标达到正常标准；对吸附剂进行了更换，对灭弧室、触头也进行了清理打磨，并未对灼伤的绝缘喷头和弧触头进行更换。由于动弧触头在动主触头活塞壁内侧，未能观察到动弧触头灼烧情况，也无法对其进行清理。因此，此次断路器解体大修缺陷并未完全消除，运行中仍存在一定的风险，应加强监视，缩短诊断性试验周期，随时掌握运行状态，必要时对其进行更换。

【案例 4-3】

故障类别：GIS 放电故障。

案例描述：2018 年 7 月 6 日，某 220kV 变电站运维人员在遥控合闸 1 号主变压器 201 开关时，1 号主变压器两套保护差动速断动作，跳开 201 开关。该站 220kV GIS 设备 2014 年 6 月生产，2016 年 2 月投运。

故障发生 2h 后试验人员对相关气室进行 SF_6 分解产物检测未见异常；故障 5h 后

SF₆分解产物检测发现 1 号主变压器 2016 隔离开关气室存在异常分解产物，SO_2 含量22.2μL/L，H_2S 含量 1.1μL/L；故障 16h 后测试由于 SO_2 含量持续增高，检测仪器自动切换为大量程模式，只测试 SO_2 含量，测试结果为 312.5μL/L，见表 4-11。

表 4-11 SF₆气体分解产物测试结果

气室名称	测试时间	SO_2+SOF_2	H_2S	CO
	故障 2h 后	0	0	0
2016 隔离开关气室	故障 5h 后	22.2	1.1	14.3
	故障 16h 后	312.5	—	—

试验人员对 2016 隔离开关气室相邻气室进行检测后未发现异常，基本确定 2016 隔离开关气室存在故障，随后检修人员对该气室三相解体，发现 A 相气室内部遗留大量盆式绝缘子环氧树脂放电后产生的粉尘，A 相气室位于 GIS 室夹层处的水平布置盆式绝缘子表面有明显电弧灼烧痕迹，如图 4-11 所示。

图 4-11　2016 隔离开关气室 A 相放电盆式绝缘子

由图 4-11（a）放电的 A 相盆式绝缘子烧蚀受损情况来看，该盆式绝缘子表面明显受大电流电弧烧蚀，图 4-11（b）中可看出金属嵌件及导体屏蔽罩已烧蚀严重变形，GIS 筒体表面也有明显烧蚀痕迹，筒内存在大量盆式绝缘子放电后产生的粉末。

对 1 号主变压器 2016 隔离开关 C 相气室开罐检查，分支母线筒内无放电粉尘，但C 相位于 110kV GIS 夹层处的水平布置盆式绝缘子表面有明显树枝状放电痕迹，如

图 4-12 所示。该种放电树痕一般为在较小放电能量下闪络产生，初步判断该放电痕迹为基建调试交流耐压时盆式绝缘子闪络放电生成。

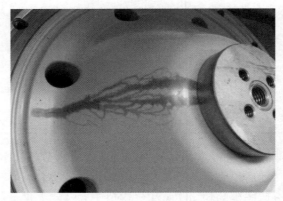

图 4-12　2016 隔离开关气室 C 相放电盆式绝缘子

根据 GIS 受损情况，厂家更换了 1 号主变压器 2016 隔离开关 A、C 相气室受损盆式绝缘子。随后试验人员开展修复后的交流耐压试验，A、C 相一次通过 368kV 交流耐压，但 B 相电压升至 180~250kV 区间时多次放电击穿，未通过耐压测试。

对 2016 隔离开关 B 相气室开罐检查，发现 220kV GIS 室竖直布置盆式绝缘子表面有明显放电痕迹，如图 4-13 所示，从放电树枝形态分析，该盆式绝缘子沿面发生多次放电击穿。从图 4-13（b）中可以看出放电点处金属嵌件与环氧树脂结合处有明显烧蚀痕迹，且图 4-13 中虚框内金属嵌件与环氧树脂结合处明显不平整，该处为环氧树脂、金属嵌件以及 SF_6 气体三交界面，属于电场畸变区，在绝缘子表面未清理干净的情况下易发生放电。

(a)　　　　　　　　　　(b)

图 4-13　2016 隔离开关气室 B 相放电盆式绝缘子（耐压试验时放电击穿）

1. 故障分析

故障 2h 后试验人员对相关气室进行 SF_6 分解产物检测未见异常，故障 5h 后 SF_6 分解产物检测才发现 1 号主变压器 2016 隔离开关气室存在分解产物超标的现象，原因在于该隔离开关气室过长，如图 4-14 红色区域所示，SF_6 取气口离故障点较远，加之吸附剂的作用，第一次的测试数据并不能准确反应故障设备的真实状态。此案例在今后的运维工作中极具借鉴意义。

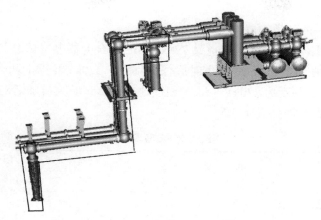

图 4-14　放电气室示意图

故障前无恶劣天气、所有保护装置及系统无异常，在 1 号主变压器 201 开关检修完成后送电时发生 A 相盆式绝缘子沿面闪络放电，B、C 相盆式绝缘子均在试验电压下发生沿面放电，可见本次故障的原因属产品或装配质量问题。

造成本次三相盆式绝缘子均有放电的原因可能有：

（1）在基建安装时绝缘子表面未清理干净，GIS 装配过程中的粉尘以及金属细屑掉落在盆式绝缘子表面引起电场畸变，导致盆式绝缘子沿面放电。

（2）盆式绝缘子生产过程中，金属嵌件与环氧树脂结合处工艺处理不良，由于该处为环氧树脂、金属及 SF_6 气体三类电介质交界面，工艺处理不到位形成的毛刺后会导致电场畸变产生局部放电，在表面有粉尘、金属屑等异物的情况下局部放电加剧最终导致放电击穿。

（3）在交流耐压试验中，B 相盆式绝缘子在沿面放电击穿后仍可承受 200kV 左右试验电压，C 相盆式绝缘子在表面已有放电痕迹的情况下仍可在运行电压下正常运行一段时间，所以不排除 A 相盆式绝缘子也在基建耐压时发生过放电击穿，绝缘子表面绝缘已有劣化。

（4）A 相盆式绝缘子在送电过程中放电闪络的原因可能为，盆式绝缘子在基建调试时发生过放电击穿或在安装过程中有金属粉尘等异物遗留在绝缘子表面，在 201 开关送电过程中产生的操作过电压以及机械振动作用下，绝缘子表面绝缘裂化或异物跳跃至高电场区域，最终导致放电击穿。

2. 处理方案和技术监督建议

根据现场 GIS 受损情况，更换 1 号主变压器 2016 隔离开关气室受损部件，并对 1 号主变压器 2016 隔离开关三相气室开关全面清理，检查该气室三相所有盆式绝缘子沿面状况，确认盆式绝缘子沿面洁净。

制造厂应加强盆式绝缘子的浇筑、固化工艺质量管控，加强磨具的清洁度检查，避免绝缘子内存在异物、空穴、裂纹等隐性缺陷。

基建安装时应对 GIS 内盆式绝缘子、导体、筒体全面清理，确保安装质量工艺，并严格按照标准要求开展现场交流耐压试验。

【案例4-4】

故障类别： GIS内部微粒放电。

案例描述 2013年某500kV变电站220kV GIS组合电器电气试验及SF$_6$气体试验合格后于9月投运。在带电运行10个小时后保护动作，220kV II 母上两台开关三相跳闸，故障选相A相，初步判断为220kV II 母A相接地故障。试验人员随后对相关气室进行了SF$_6$气体试验。试验数据见表4-12。

表4-12   SF$_6$气体试验数据

气室名称	湿度（μL/L）	分解物含量（μL/L）			
		SO$_2$+SOF$_2$	H$_2$S	HF	CO
228隔离开关气室	85	167.4	0	0	27
228隔离开关旁分支气室	93	0.1	0	0	0
II 母母线气室	81	0	0	0	0

试验结果显示 II 母TV间隔228隔离开关气室SF$_6$成分异常，SO$_2$和SOF$_2$气体分解物含量较其他气室高，达到167.4μL/L，远远超过1μL/L的注意值，根据分解产物测量值初步判断该隔离开关气室有放电或高温过热的现象，异常出现于 II 母TV间隔A相隔离开关—接地开关气室，如图4-15所示。打开A相气室人孔盖，发现在该气室内有大量白色粉末，如图4-16所示。

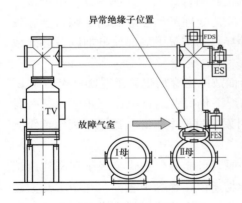

图4-15　异常绝缘子位置图

图4-16　故障气室内部

将该故障气室进行解体检查。解体前查看接地开关处于分闸位置。拆开发现，II 母TV间隔A相隔离开关与母线气室盆式绝缘子上表面灼伤发黑，绝缘材料分解粉尘弥漫，母线接地开关A相触座表面有明显烧蚀痕迹，接地开关动、静触头和壳体内表面有烧蚀。如图4-17和图4-18所示。

检查接地开关的动、静触头，发现动、静触头的端部被高温电弧喷溅物污染。将接地开关手摇至分闸位置后，发现很长一段导电杆仍光洁，未受到高温电弧喷溅。整个动触头未发现起弧及灼烧痕迹，如图4-17所示。这表明事故时的接地开关处于分闸到位状态。

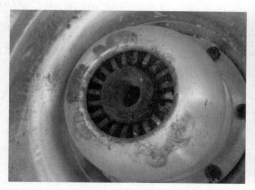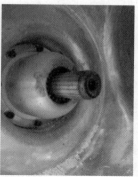

图 4-17　动触头燃弧痕迹

图 4-18　故障盆式绝缘子的燃弧痕迹及燃弧路径示意

1. 故障分析

根据现场故障录波情况显示母线跳闸的原因是由于有单相短路接地引起过电流导致的母差保护动作。结合故障发生的过程、SF₆分解产物测试结果以及解体检查可知，此次放电为气室内盆式绝缘子沿面闪络。放电点在电弧的作用下盆式绝缘子表面被烧黑，且绝缘子内壁（地电位）对导电杆放电，在击穿放电过程中金属蒸汽离子迅速上升，弧根向上漂移，如图 4-18 中箭头所示，导致接地开关动、静触头接触处发生放电击穿，产生烧蚀。

结合该气室解体后检查分析认为放电原因可能为母线接地开关 A 相内部可能存在细小且分散的金属颗粒，安装时未能发现，耐压试验过程中微粒积累还未到引起电场畸变的程度，因而通过了耐压试验。在运输过程、现场操作和充气过程中，受到气流和震动的影响，金属颗粒掉落到气室下部的绝缘盆上，当微粒在接地外壳内侧时高压导体和接

103

地外壳的场强明显高于当微粒在高压导体上时，但高压导体和接地外壳间的场强差异不大，且两种情况下场强最大值和最小值均在固定微粒处。在运行中电场的作用下，金属颗粒在绝缘子表面震动、集聚，最终形成局部的放电，并由于电荷的累积效应，破坏了盆式绝缘子表面原有的电场分布，影响了电场的均匀性能，形成自持性放电，使盆式绝缘子表面发生贯穿性放电，导致沿面闪络。在电弧的作用下，绝缘子表面被烧黑，外壳及一次导体被烧蚀。

2. 处理方案

更换设备受损单元，并在装配和安装过程中应严格执行安装工艺标准，按规程进行耐压试验和局部放电试验。

绝 缘 在 线 监 测 技 术

电气设备绝缘在线监测是通过实时采集绝缘介质状态参量，将采集的信息反馈给专家诊断系统，由专家诊断系统对数据处理、分析，给出电气设备绝缘状态并实施告警。根据设备进行状态，预知维修水平，决定是否需要停电检修，以此避免事故发生。该技术在国内外得到广泛应用，是保证电力设备安全可靠运行的重要措施，也是对离线检测方法的重要补充。

绝缘在线监测分为充油电气设备绝缘在线监测和充气电气设备绝缘在线监测。随着输变电设备安全经济运行要求的提高和智能电网技术发展需要，油、气绝缘在线监测技术和设备得以迅速发展。本章介绍油、气绝缘在线监测技术发展及应用和当前在用的绝缘在线监测的技术原理、装置和运行维护管理要求等，为从事变电检修一线人员了解绝缘在线监测技术提供指导。

⚡ 第一节　绝缘在线监测技术发展与应用

一、绝缘在线监测技术发展历程

绝缘在线监测和故障诊断技术研究较早，其发展历程按年代分为三个阶段：

第一个阶段为 20 世纪 60 年代，以美国为代表的发达国家，由于这些发达国家对能源需求增大，设备电压等级逐渐提高，必然对电网安全稳定运行提出更高要求。例如，美国通过检测变压器储油柜油面上可燃气体总量判断变压器绝缘状态；日本使用气相色谱仪检测储油柜上面自由气体和绝缘油中溶解气体，监测设备早期故障。离线检测和故障诊断是这个时期的主要特点。

第二阶段为 20 世纪 70~80 年代，加拿大成功地将高分子塑料渗透膜用于分离油中溶解气体，解决了在线连续监测的关键问题并开发出油中溶解气体分析在线监测装置，该装置仅具有在线连续监测无故障诊断功能；日本研制出油中单组分 H_2 在线监测、三组分（H_2、CO、CH_4）和六组分（H_2、CO、CH_4、C_2H_4、C_2H_2、C_2H_6）在线监测技术，由基础研究进入产品开发阶段，并迅速推广应用。该时期的产品存在着监测时效长、故障诊断与预警技术尚不成熟等问题。

第三阶段为 20 世纪 80 年代~至今，随着传感器技术、信息处理技术、电子技术、计算机等新技术的发展。绝缘在线监测硬件和软件技术都得到迅速发展。众多厂家相继推出各种型号的绝缘油在线监测系统，绝缘在线监测技术在变电站得到广泛应用，并发挥重要的作用。

绝缘在线监测技术经过 40 多年的发展，已从基础理论研究发展到了实用阶段。随着制造工艺水平提高、新的检测方法应用、大数据和人工智能技术相结合是未来绝缘在线监测技术发展的必然趋势。

二、绝缘在线监测技术应用

绝缘在线监测技术发展到今天，已广泛应用于变电站充油电气设备和充 SF_6 电气设备。目前国家电网公司所属 220kV 及以上电压等级变压器均安装在线油色谱监测系统，如图 5-1 和图 5-2 所示，用于监测绝缘油中溶解气体组分或水分；国网四川省电力科学研究院成功开发出少油设备在线监测系统并在多个 220kV 和 500kV 变电站试点应用；充 SF_6 电气设备在线监测系统主要以 SF_6 气体泄漏在线报警装置和 SF_6 气体密度在线监测装置为主，也有部分变电站安装 SF_6 气体湿度在线监测装置。

图 5-1　变压器油色谱在线监测系统

图 5-2　GIS SF_6 密度在线监测系统

⚡ 第二节　充油电气设备绝缘在线监测

绝缘油在热、电及机械应力作用下，分解出 H_2、CO、CO_2 和多种小分子烃类气体，并伴随着一些物理状态的变化，如温度升高、压力增加等。理化状态的改变承载着众多设备故障信息，因此，时时采集绝缘油物理状态和化学组成信息可有效判断设备内部故障有无及程度。

一、大型充油电气设备绝缘在线监测

电气设备按充油量大小，分为大型充油电气设备和少油电气设备，因此在线监测分为大型充油电气设备绝缘在线监测和少油电气设备绝缘在线监测。大型充油电气设备指变压器、电抗器等。这类设备体积大、油量多，设备故障发展过程中绝缘油物理特征变化不显著，难以捕捉绝缘油温、压力等物理变化信息。分析绝缘油中组分或含量的变化是监测该类设备运行状态行之有效的手段。

（一）技术原理

该监测技术是基于试验室用气相色谱法检测绝缘油中溶解气体原理，将绝缘油气分离、气相色谱仪检测以及数据综合分析、自动控制、通信技术集于一体用于现场，如图 5-3 和图 5-4 所示。对变压器本体绝缘油连续检测及时发现并诊断其内部故障，随时掌握设备运行状况，解决了试验室气相色谱分析监测周期较长的问题。

图 5-3　实验室气相色谱仪

图 5-4　在线油色谱监测系统

（二）系统组成及分类

1. 系统硬件

在线监测系统主要硬件由数据采集、连接管路、自动控制元件等组成。连接管路是本体绝缘油进入在线监测设备和被检测后绝缘油流回本体的通道；数据采集是实现油气自动分离、混合气体分离、组分气体定性和定量分析、数据传输的核心。

（1）油气分离。无论是离线还是在线检测，均需将故障气体从绝缘油中分离后，再用气相色谱仪检测，目前国内外无直接检测绝缘油中溶解气体含量方法。油气分离快慢直接影响了在线监测周期，同时也影响在线监测的测量误差。因此实现变压器油中多种气体在线监测，油气分离模块必须分离快、效率高、无污染等。油气分离方法主要有以下几种：

1）薄膜渗透法。技术原理：薄膜渗透法是气体分子靠溶解—渗透不断进行的过程实现的。薄膜将气室隔离成两个独立的小室，一定温度下，利用某些有机合成材料薄膜的渗透性，使油中溶解气体经薄膜渗透到气室一侧。当渗透时间足够长时，气体在薄膜两侧达到平衡。根据一定温度下气体浓度在两相分配系数，推算出油中气体的浓度，气体浓度达到稳定的时间一般需要 24h 左右。20 世纪 70 年代中期，薄膜渗透法首次应用于绝缘油在线监测并得到发展。计算公式如下：

$$C = \left(9.87KC - C_0\right)\left[1 - \exp\left(-1.013 \times 105 \frac{HAt}{DV}\right)\right] + C_0$$

式中　C——气室中气体浓度，$\mu L/L$；

　　　C——油中气体浓度，$\mu L/L$；

　　　C_0——气室中气体起始浓度，$\mu L/L$；

　　　H——膜的渗透率，cm. mL/（cm^2 · s · Pa）；

　　　A——膜的面积，cm^2；

　　　t——渗透时间，s；

　　　D——膜的厚度，cm；

　　　V——气室容积，mL；

　　　K——气体平衡常数。

　　上式表明，两相浓度趋于平衡的时间与膜的渗透率及面积成正比，与膜的厚度及气室体积成反比，当平衡时间 $t \to \infty$ 时，气室中气体浓度 $C_\infty = 9.87KC$ 由气体种类和油中气体浓度确定；膜和气室结构影响平衡时间，油气分离效果由膜渗透系数决定，同时受压力、温度等因素影响。薄膜渗透法主要有平板式薄膜分离和中空式膜分离，如图 5-5 和图 5-6 所示。该方法缺点是油气分离时间长、稳定性差、脱气效率低，目前国内厂家基本不采用该技术。

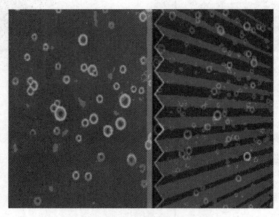

图 5-5　平板式薄膜分离

图 5-6　中空式膜分离

　　油气分离装置主要由气体渗透膜、电磁阀和真空泵组成。首先气室抽空后呈负压状态，气体分子从油中向气室的一侧扩散，在一定温度下，一定时间后，膜两侧气体压力趋于平衡，达到动态平衡，自动实现油气分离。

2）动态顶空—吹扫。技术原理：用惰性气体或空气通入绝缘油中，将溶解在绝缘油中气体组分吹扫出来，然后由吸附剂富集，再对吸附剂进行加热使气体组分脱附，影响因素为吹扫时间、吹扫气流和解吸温度等。其优点是分离快、效率高、耗油量少；缺点是脱出气体后的油样不能直接排回本体，需脱气处理，方回流本体。

3）抽真空脱气法（变径活塞脱气），技术原理：利用气液两相之间的压差使溶解在油中的气体组分释放出来，然后将气相恢复至常压状态，对脱出的气体进行检测。优点：对不同组分气体脱气效率均在95%以上，测定偏差在5%以内，基本达到完全脱气效果。目前大多数厂家采用变径活塞脱气–多次抽真空脱气，装置如图5-7所示。计算公式如下：

图5-7　变径活塞脱气

$$C_i = C_{si} \frac{\overline{h_i}}{\overline{h_{si}}} \cdot \frac{V_L[1 + 0.0008 \times (20 - t)]}{293 V_g p/(273 + t) \times 101.3}$$

式中　C_i——油中溶解气体的i组分体积数，$\mu L/L$；

　　　C_{si}——标准气体中i组分体积分数，$\mu L/L$；

　　　$\overline{h_i}$——样品气中i组分的平均峰高，mm；

　　　$\overline{h_{si}}$——标准气中i组分的平均峰高，mm；

　　　V_L——试验时油样体积，mL；

　　　V_g——试验t，压力p时脱出气体体积，mL；

　　　p——试验时压力，MPa；

　　　t——试验时温度，℃。

油气分离装置由真空泵、脱气室、集气室连接管线组成。首先真空泵将脱气室和集气室抽成真空，油样自动注入脱气室，在真空与搅拌作用下不断析出油中溶解气体，并平衡转移到集气室内。利用真空与大气压的压差，使缸体内变径活塞往复运动，将脱出的气体多次抽吸平衡到集气室。

各种油气分离方法优缺点比价见表5-1。

表5-1　　　　　各油气分离方法比较

油气分离方法	油气分离优点	油气分离缺点
薄膜渗透法	结构简单	耗油量多、脱气时间长
动态顶空-吹扫	耗油量少、分离速度快	污染油样，需排放
抽真空脱气法	耗油量少、分离速度快	控制流程较复杂

（2）混合气体分离。混合气体分离也是采用色谱柱完成，与试验室用气相色谱仪色谱柱分离混合气体方法一致。判断色谱柱是否适用最基本标准是看色谱柱能否将混合气体中各组分按一定的顺序完全分离。目前各厂家均采用一根柱子分离出混合气体中各组分。

（3）检测系统。试验室用气相色谱法分析绝缘油中溶解气体组分采用热导和氢焰检测，由于使用氢火焰，存在不安全因素，此方式不适用于现场在线检测要求，目前在线监测系统所用检测器为半导体型传感器和热敏电阻检测器。

1）半导体型传感器。半导体型传感器是一种非线性传感器，其检测 H_2 和 C_2H_2 气体组分如图5-8所示。

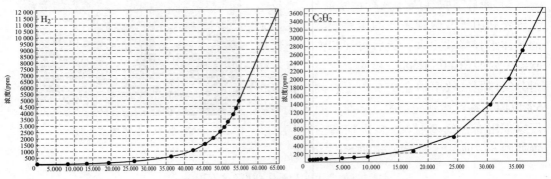

图5-8　半导体检测器 H_2 和 C_2H_2 曲线图

2）热敏电阻检测器。热敏电阻检测器是一种线性传感器，具有较宽的线性范围，如图5-9所示。

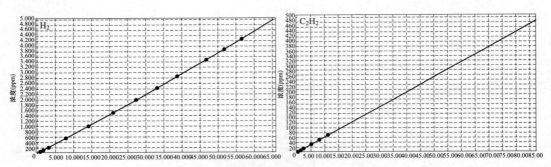

图5-9　热敏电阻检测器 H_2 和 C_2H_2 曲线图

（4）系统软件。在线监测软件系统功能分为油中气体含量检测和数据分析与故障诊断两大部分。油中气体含量检测：自动采集、定性定量计算；数据分析与故障诊断：三比值分析、相对产气速率和绝缘产气速率计算、趋势图分析、原始图谱、历史数据查询、故障诊断与报警、远程监测与远程维护等功能。

2. 系统分类

随着绝缘油在线监测系统大规模应用于220kV以上电压等级设备，国内外设备种类繁多，主要分为以下两类：

（1）多组分监测装置。能够监测变压器油中溶解气体7种及以上组分（H_2、CH_4、

C_2H_4、C_2H_6、C_2H_2、CO、CO_2）的监测装置，可用于分析推测故障类型。O_2和N_2、水分为可选监测。

（2）少组分监测装置。监测变压器油中溶解气体成分少于7种的监测装置。监测组分为特征气体中的一种或多种，常用于缺陷或故障报警。

3. 系统工作流程

首先强制循环装置将变压器本体中绝缘油送入油气分离装置，绝缘油在油气分离装置内实现油气分离，被分离的混合气体经过色谱分离柱一一分离，最后由检测系统中的传感器检测，将检测的气体浓度值转换相应的电信号，由电信号转换为数字信号并存储，由通信电缆将数据传输到智能控制器自动分析，智能专家诊断系统进行故障诊断后、反馈告警，图5-10所示为在线油色谱监测系统工作流程。

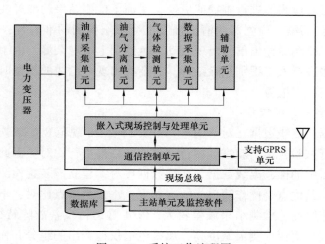

图 5-10 系统工作流程图

4. 系统准确性影响因素

在线色谱监测系统结构复杂，对运行环境要求较高，因此影响检测结果准确性因素较多，有以下几点：

（1）脱气率的影响。绝缘油在线监测系统脱气方式主要是相对平衡脱气和相对完全脱气方式，无论是按照哪种脱气方式，均存有一定脱气率。被检测物质含量多少受到脱气率的影响。若脱气率降低，被检测物质的浓度偏低。绝缘油在线监测系统脱气率发生变化，检测结果出现误差，会对设备故障的漏报警。

（2）载气压力、流量的影响。气体流量的误差控制在1.5%内。载气压力、流量对影响被检测物质在气相色谱仪上出峰的时间（保留时间），若载气压力和流量发生变化会使气体组分从色谱柱中流出的时间（保留时间）发生变化。载气压力降低或流量变小，会使被检组分从色谱柱的流出时间即保留时间延迟，反之则提前。因此，载气压力和流量影响被测物质的定性。

（3）载气纯度的影响。气相色谱仪用的载气纯度要求在99.99%以上，载气不纯会使色谱仪的基线噪声增大，灵敏度发生变化。如：当较大的基线噪声出现在乙炔的保留时间上时，仪器会误将噪声识别成乙炔峰，引发误报。因此，载气不纯会影响仪器对被测物质定量。

（4）色谱柱的影响。随着仪器使用时间的增加，色谱柱会逐渐老化，分离效能降低。影响检测气体组分从色谱柱的流出时间和峰高（或峰面积），也是影响对油中溶解气体组分的定量分析。离线色谱每次试验时用标准混合气标定出新的校正因子和保留时间，保证数据的准确性。在线色谱仪器在出厂时设置好固定校正因子，无法重新标定，从而导致检测结果不准。

（5）检测器性能的影响。

1）检测器老化，性能降低。检测器性能降低会使色谱峰高（或峰面积）变小，检测结果偏小，直接影响报警浓度的准确性。对被监测电气设备出现故障时延误报警。离线色谱采用标准混合气对仪器进行标定，可及时修正，在标定时发现检测器的灵敏度不满足要求时，即可对检测器进行维护或更换，保证了检测结果的准确性。

2）检测器受到污染。检测器的清洁程度也会影响检测的准确性，检测器受到油等其他物质污染后，检测器输出信号出现波动，色谱图上出现杂峰。由于在线色谱是自动进行分析的，无法进行人工识别剔除杂峰。若杂峰出现在乙炔的保留时间上时，会错误地计算为乙炔，引起误报警。

5. 在线监测装置系统校验

（1）离线数据与在线数据比对。DL/T 1498.2—2016规范8.5条款规定采集被监测设备本体油样进行试验，与实验室气相色谱仪检测结果进行比对。因此，通过定期组织采集在运行变压器中油样，离线数据与在线数据比对，建立该装置检测性能档案，为维护提供技术支撑。其优点是操作简单，缺点如下：①仅为单点比对，不能实现全量程比对，若检测器为非线性，检测结果偏差较大；②正常运行设备故障特征气体含量较低，离线色谱仪比在线色谱仪检测灵敏度高，离线色谱仪检测出的组分，在线色谱仪可能无法检测出，致使比对结果失真。

（2）混合标准气体标定。利用混合标准气体标定在线油色谱监测装置，及时修正校正因子，保证检测数据的准确性。优点是对检测器的灵敏度、色谱柱柱效能、载气的流量变化进行校验。若发现在线色谱监测系统检测数据误差较大时，通过用混合标准气体标定，可排除数据误差是由检测系统引起。缺点是对脱气单元的脱气效率、油样采集及气体进样的定量管，无法校验。

目前国内外多个厂家能够实现标准混合气体在线自动标定技术，并得到应用。新一代变压器绝缘油在线监测系统的标气自动标定原理图如图5-11所示。

技术特点如下：

1）在线自动校准。启动自动校准功能，标气由六通控制阀自动切换，经定量管进入色谱分离柱，根据组分流出时间自动修正组分保留时间；根据标气峰与标气浓度关系，计算校正因子，自动修改校正因子，建立标气峰曲线图库或校正因子变化趋势图。

2）检测系统评价。根据历史标定曲线图或校正因子趋势图，系统评价各组校正因子是否在系统预设误差±5%范围内，若超出预设误差范围，系统将发生报警信息。

3）分离系统吹扫。标气进样结束后，载气对系统进行吹扫，防止高浓度标气污染色谱分离柱。

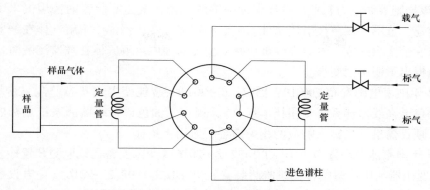

图 5-11　在线自动定期标气标定原理

4）周期性校准。一个月校准不少于 3 次（除变压器设备发生故障或大修运行后；在线监测装置更换载气及大修后）。

（3）配油检验。开展用配制含有故障特征气体组分的油样检验，是评价在线油色谱监测装置检测性能好坏的重要方法，也是十分必要的，能全面考察在线色谱仪的准确性。如最小检测浓度、报警浓度、出峰时间、交叉敏感性、重复性等重要指标。DL/T 1498.2—2016《变电设备在线监测装置技术规范第 2 部分：变压器油中溶解气体在线监测装置》推荐使用油样检验在线油色谱监测装置。配油检验存在两个问题：

1）在线油色谱监测装置未安装油样检验接口、检验过程中需厂家配合、在线油色谱监测装置安装多，因此普遍开展此项工作的难度大。

2）检验油样的难于保存：油气相不同，气溶解于油中除受本身属性的影响外，还受到外界环境温度和大气压力的影响。一旦环境温度和大气压发生改变，油中溶解气体组分浓度发生较大改变，影响检测结果。

（三）运行维护管理

1. 依据标准

随着变压器油中溶解气体在线监测装置应用的普及和管理的进一步规范，对系统安全运行和准确监测、预警提出了更高的要求，国家电网和国家能源局先后发布了 5 个技术规范性文件。

由于国内外关于油中溶解气体在线监测装置尚没有统一的定义和标准，各厂家制造的装置从监测方式、功能要求、稳定性、可靠性，以及监测装置对被监测设备的安全性影响尚未有相关标准进行约束。因此 2010 年国家电网公司发布第一个具有法律性的文件 Q/GDW 536—2010《变压器油中溶解气体在线监测装置技术规范》。该规范目的是规范油中溶解气体在线监测装置的设计、生产、检验和运行管理，统一技术标准，促进变压器油中溶解气体在线监测装置技术的应用，提高电网的运行可靠性。

该标准是国家电网公司系统内各单位有序、有效、规范地开展变压器油中溶解气体在线监测相关工作的重要指导性文件，变压器油中溶解气体在线监测装置的设计、生产、购置、检验、验收和运行管理等标准的制定均应依据该标准。

2012 年国家能源局发布 DL/Z 249—2012《变压器油中溶解气体在线监测装置选用

导则》，该导则表明电力行业对变压器油中溶解气体在线监测装置的选用提出了指导要求。由前言、范围、规范性引用文件、术语和定义、变压器油中溶解气体在线监测装置和技术与安全要求组成。本导则侧重点是对变压器油中溶解气体在线监测装置选用，对技术部分提出了明确的要求。

2014 年国家电网发布 Q/GDW 13231.6—2014《智能变电站状态监测采购标注第 6 部分：油色谱在线监测系统专用技术规范》，规定了油色谱在线监测系统招标的标准技术参数、项目需求及投标人响应的相关内容，适用于招标。

2016 年国家能源局发布了 DL/T 1432.2—2016《变电设备在线监测装置检验规范第 2 部分：变压器油中溶解气体在线监测装置》和 DL/T 1498.2—2016《变电设备在线监测装置技术规范第 2 部分：变压器油中溶解气体在线监测装置》。DL/T 1432.2—2016 规定了变压器油中气体在线监测装置的检验条件、检验项目、仪器设备和材料、检验内容及要求、检验结果处理和检验周期等，适用于专项检验项目的检验。DL/T 1498.2—2016 规定了变压器油中溶解气体在线监测装置的术语和定义、组成、分类、技术要求、试验项目及要求、检验规则以及标志、包装、运输和贮存，使得变压器油中溶解气体在线监测装置设计、生产、选型、运行、维护有规可依。

2. 案例

（1）检验目的。随着变压器油中溶解气体在线监测装置应用的普及和管理的进一步规范，对系统安全运行和准确监测、预警提出了更高的要求。DL/T 1498.2—2016《变电设备在线监测装置技术规范第 2 部分：变压器油中溶解气体在线监测装置》及《DL/T 143.2—2016 变电设备在线监测装置检验规范第 2 部分：变压器油中溶解气体在线监测装置》等电力行业标准（2016 年 6 月 1 日实施）对变压器油中溶解气体在线监测装置的技术规范及检验规范提出了具体要求，为了确保变压器油中溶解气体在线监测装置的可靠性、重复性、准确度，特提出了变压器油中溶解气体在线监测装置运行中的现场试验要求，包括周期为 1~2 年的定期例行检验和必要时的检验。

（2）共有检验依据 6 条。

DL/T 1498.2—2016《变电设备在线监测装置技术规范第 2 部分：变压器油中溶解气体在线监测装置》。

DL/T 1432.1—2015《变电设备在线监测装置检验规范第 1 部分：通用检验规范》。

DL/T 1432.2—2016《变电设备在线监测装置检验规范第 2 部分：变压器油中溶解气体在线监测装置》。

GB/T 17623—2017《绝缘油中溶解气体组分含量的气相色谱测定法》。

GB 2536—2011《电工流体变压器和开关用的未使用过的矿物绝缘油》。

GB/T 7597—2007《电力用油（变压器油、汽轮机油）取样方法》。

（3）对检验环境条件的要求如下：

环境温度，15℃ ~ 35℃。

相对湿度，25% ~ 75%。

大气压力，86kPa ~ 106kPa。

电源电压及功率应符合变压器油中溶解气体在线监测装置说明书的要求。

（4）检验使用仪器设备和材料。

1）气相色谱仪、脱气装置及其附件。①符合 GB/T 17623《绝缘油中溶解气体组分含量的气相色谱测定法》要求的气相色谱仪及振荡仪；②以氦气为载气的氢气检测装置。

2）变压器油。符合 GB 2536《电工流体 变压器和开关用的未使用过的矿物绝缘油》要求的、与现场换流变使用的同种变压器油（克拉玛依变压器油），用以配制参考油样以及系统清洗油样。

3）标定用标准混合气体。由国家计量部门授权的单位生产，具有组分含量、检验合格证及有效使用期，主要用于标定实验室气相色谱仪。

4）配油样用气体。配参考油样用气体应为包含以下组分的单组分气体和多组分混合气体：氢气（H_2）、甲烷（CH_4）、乙烷（C_2H_6）、乙烯（C_2H_4）、乙炔（C_2H_2）、一氧化碳（CO）和二氧化碳（CO_2）。

5）其他气体。检验时用到的其他气体应符合下列要求：①N_2（或 Ar）纯度不低于99.99%；②H_2 纯度不低于99.99%；③空气纯净无油。

6）参考油样制备装置。装置具有控温、搅拌或振荡等功能，同时应有气体进样口、油样取样口、在线装置接口等，能按照要求配制参考油样。

7）气路、油路系统的管材。现场比对实验装置使用壁厚不小于 1mm 的聚四氟乙烯管作为连接管。现场检验系统采用可靠隔离方式，检验时隔离变压器与油中气体在线监测装置的油循环管路，检验结束后，采用空白油对油中气体在线监测装置的油路系统进行清洗，直至检测数据表明清洗干净，不对变压器本体油样产生影响时恢复正常检测系统。现场检验示意图如图 5-12 所示。

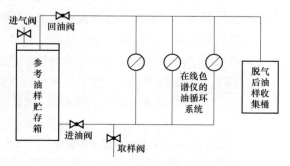

图 5-12　现场检验示意图

（5）对检验的内容及要求有如下几点：

1）结构和外观检查。①装置机箱应采取必要的防电磁干扰的措施。机箱的外露导电部分应在电气上连成一体，并可靠接地；②机箱应满足发热元器件的通风散热要求；③机箱模件应插拔灵活、接触可靠，互换性好；④外表涂敷、电镀层应牢固均匀、光洁，不应有脱皮、锈蚀等。

2）基本功能检验。按照现场配置方案组成在线监测系统，给监测装置通电，施加相应信号，分项检验在线监测装置是否满足所应具备的各项功能要求。

3）测量误差试验。按照 DL/T 1498.2—2016《变电设备在线监测装置技术规范第 2 部分：变压器油中溶解气体在线监测装置》8.5b 规定的 3 个测试点进行检验，但本次检验实施时间要求在规定时间内完成，选取中、低两个浓度油样进行检测，测量误差的计算和等级划分按照 DL/T 1498.2—2016《变电设备在线监测装置技术规范第 2 部分：变压器油中溶解气体在线监测装置》有关规定。

① 参考油样制备。采用符合 4.6 要求的参考油样配制装置，配制中、低两种参考油样，油中的溶解气体组分含量应满足下列要求：低浓度参考油样，总烃含量小于 $10\mu L/L$，其中乙炔（C_2H_2）接近最低检测限值 $0.5\mu L/L$（允许偏差 $\leqslant 0.5\mu L/L$）；中浓度参考油样，总烃含量介于 $10\sim150\mu L/L$ 之间。

推荐使用的参考油样的气体组分含量见表 5-2。

表 5-2　　　　　　　　　　　推荐参考油样气体组分含量

浓度类别	油中气体组分含量（μL/L）							
	H_2	CO	CO_2	CH_4	C_2H_4	C_2H_6	C_2H_2	总烃
低浓度	10~20	10~30	300~500	2~4	2~4	2~4	0.5~1.5	<10
中浓度	40~60	40~80	600~900	10~30	10~30	10~30	10~30	10~150

② 误差性能试验及误差性能评定。将参考油样储存缸接入变压器油中溶解气体在线监测装置进行至少两次重复测试，测试过程应满足 DL/T 1498.2—2016 的相关规定；按照 GB/T 7597—2007 取 2 个平行样，按照 GB/T 17623—2017 用实验室气相色谱仪进行分析测试。按式（5-1）和式（5-2）对在线监测装置测量数据与实验室气相色谱仪测量数据进行分析比对，计算其测量误差。依据 DL/T 1498.2—2016《变电设备在线监测装置技术规范第 2 部分：变压器油中溶解气体在线监测装置》规定（具体见表 5-3），从高到低将在线监测装置的测量误差性能评定为 A 级、B 级、C 级，不合格。

$$测量误差（绝对）=在线监测装置测量数据-实验室气相色谱仪测量数据 \quad (5-1)$$

$$测量误差（相对）=\frac{在线监测装置测量数-实验室气相色谱仪测量数据}{实验室气相色谱仪测量数据}\times100\%$$

$$(5-2)$$

表 5-3　　　　　　　　　　　多组分在线监测装置测量误差要求

检测参量	检测范围	测量误差限值（A 级）	测量误差限值（B 级）	测量误差限值（C 级）
氢气（H_2）	2~20	±2μL/L 或±30%	±6μL/L	±8μL/L
	20~2000	±30%	±30%	±40%
乙炔（C_2H_2）	0.5~5	±0.5μL/L 或±30%	±1.5μL/L	±3μL/L
	5~1000	±30%	±30%	±40%
甲烷（CH_4）、乙烷（C_2H_6）、乙烯（C_2H_4）	0.5~10	±0.5μL/L 或±30%	±3μL/L	±4μL/L
	10~1000	±30%	±30%	±40%

续表

检测参量	检测范围	测量误差限值（A级）	测量误差限值（B级）	测量误差限值（C级）
一氧化碳（CO）	25~100	±25μL/L 或±30%	±30μL/L	±40μL/L
	100~5000	±30%	±30%	±40%
二氧化碳（CO_2）	25~100	±25μL/L 或±30%	±30μL/L	±40μL/L
	100~15000	±30%	±30%	±40%
总烃	2~20	±2μL/L 或±30%	±6μL/L	±8μL/L
	20~4000	±30%	±30%	±40%

测量误差性能评价为A级、B级、C级的装置为合格，测量误差性能低于C级装置为不合格；依据检测结果装置生产（供货）厂家对在线监测装置进行调整，如经调整后仍不能合格的，应报国网运行公司运检部处理。

4）测量重复性试验。①试验方法：针对中浓度油样，对油样连续进行6次检测，重复性以总烃测量结果的相对标准偏差RSD表示，具体计算依据DL/T1432.2—2016中关于相对标准偏差RSD（%）的计算方法进行计算。②重复性性能评定：相对标准偏差RSD不大于5%为合格。

（6）某厂家TM8在线监测设备特殊说明。TM8在线色谱装置各组分故障气体检测限值（见表5-4）中烃类及H_2检测限值高于表5-4中最低检测限值要求。

表5-4　　　　　TM8在线色谱装置各组分故障气体最低检测限值

组分名称	C_2H_2	C_2H_4	C_2H_6	CH_4	CO	CO_2	H_2
最低检测限值（μL/L）	1	3	5	5	5	5	3

（7）变压器油中气体在线监测装置检验记录。

1）结构和外观检验的检查内容和结论见表5-5。

表5-5　　　　　　　　结构和外观检查

检查内容	结论
铭牌完整、内容齐全	合格√不合格□
装置机箱有必要的防电磁干扰的措施	合格√不合格□
机箱外露导电部分在电气上连成一体，并可靠接地	合格√不合格□
机箱满足发热元件的通风散热要求	合格√不合格□
机箱模件插拔灵活、接触可靠、互换性好	合格√不合格□
外表涂覆、电镀层牢固均匀，光洁，无脱皮锈蚀	合格√不合格□

2）对基本功能检验的检查项目、检查内容及结论见表5-6。

3）测量误差检验见表5-7。

表 5-6　　　　　　　　　　　　　　基 本 功 能 检 验

项目	检查内容	结论
监测功能	实现状态参量监测，监测结果可根据需要定期发至相关主控单元，或通过计算机本地提取	合格√　不合格□
数据记录功能	在线监测装置运行后应能正确记录动态数据，装置异常等情况下应能够正确建立事件标识； 不应因电源中断、快速或缓慢波动丢失已记录的动态数据；不应因外部访问而删除动态记录数据；不提供人工删除和修改动态记录数据的功能； 按任意一个开关或按键，不应丢失或删除已记录的信息。	合格√　不合格□
报警功能	对异常状态发出报警信号，报警功能限制可修改。	合格√　不合格□
自检功能	在线监测装置具有自检功能，并能根据要求将结果远传	合格√　不合格□

表 5-7　　　　　　　　　　　　　　测 量 误 差 检 验

变电站名称		某换流站						
1 装置名称		极Ⅰ高 Y/Y—A		装置制造厂			某厂家	
装置型号/编号		TM8002300		实验室气相色谱仪型号			ZF2000B（FID）	
环境温度		25℃		相对湿度			65%	
气压		95kPa		试验日期			—	
油样	检测结果	油中溶解气体（μL/L）						
		H_2	CO	CO_2	CH_4	C_2H_4	C_2H_6	C_2H_2	总烃
低浓度	离线检测均值	11.36	80.81	538.61	4.22	3.49	3.57	1.54	12.81
	在线检测均值	1.30	206.45	1195.85	1.95	1.55	2.45	1.20	7.15
	绝对误差	−10.06	125.64	657.24	−2.27	−1.94	−1.12	−0.34	−5.66
	相对误差	−88.56%	155.48%	122.03%	−53.74%	−55.56%	−31.32%	−21.95%	−44.17%
	评价	不合格	不合格	不合格	B	B	B	A	不合格
中浓度	离线检测均值	17.42	45.67	769.60	16.01	20.35	22.42	6.83	65.61
	在线检测均值	5.05	44.60	612.00	6.50	9.90	10.85	4.00	31.25
	绝对误差	−12.37	−1.07	−157.60	−9.51	−10.45	−11.57	−2.83	−34.36
	相对误差	−71.01%	−2.35%	−20.48%	−59.40%	−51.35%	−51.61%	−41.39%	−52.37%
	评价	不合格	A	A	不合格	不合格	不合格	不合格	不合格
空白油样清洗后在线检测数据								
说明：	合格：A 级□　　　　B 级□　　　　C 级□ 不合格：□							

二、少油电气设备在线监测

（一）在线监测意义

变电站少油设备主要是指变压器高压套管、TV、TA、CVT 等，在电力系统中起绝缘、支持、计量及保护作用的重要绝缘装置。少油设备发生事故，会危及电网的安全运行，严重的可能发生爆炸和引起火灾，给国民经济造成重大损失。作为高压电器设备的附件，其绝缘油运行性能评价及监控长期以来易被忽略。根据多年来全国电力变压器的事故统计分析结果，高压套管本身发生事故或因其导致变压器发生事故占变压器年总事故的 15% 左右，少油设备总的故障率占同期变压器、电抗器等事故总台次的 36%。

目前对少油设备监测措施是停电取样检测，也是发现设备潜伏性故障的唯一途径，缺点是无法及时发现故障和监测故障发展趋势。可在变压器上实施的绝缘油介电强度和介质损耗系数在线检测，因不能在少油设备上获取具有代表意义的样品，技术上暂时不可行，同时因其价格昂贵而未被运行单位采用。非电量监测方法在国内尚属空白。

（二）在线监测技术原理

少油电气设备故障为导电型过热故障或绝缘型放电故障，无论哪种故障的发生均表现为绝缘油或纸分解产生气体和内部温度升高，由于少油电气设备存在体积小、充油量少和密闭的特点，一定密闭体系内，必然引起内部压力增大。以此通过监测绝缘油物理现象变化，捕捉设备故障信息。

1. 计算方法

（1）故障气体引起压力变化。少油设备出厂时内部充满绝缘油，当内部发生电、热故障时油纸绝缘材料裂解产气，若产生的大量气体来不及溶于绝缘油中，将在少油设备顶部聚集，使得内部压力迅速增大；若产生少量的气体溶解在绝缘油中达到饱和，在气—液面达到两相平衡，根据道尔顿分压定律，i 组分气体在油面上产生的分压为

$$P_{iL} = 10^{-6} \frac{C_{iL}}{K_i}$$

式中　P_{iL}——i 组气体在油面上产生的分压；
　　　C_{iL}——i 组气体在油中的浓度；
　　　K_i——i 组分气体的溶解度系数。此时，油面气体总压力为

$$P_{GL} = \sum P_{iL} = 10^{-6} \sum \frac{C_{iL}}{K_i}$$

式中　P_{GL}——油面气体总压力。

故障时所产生的气体在气液两相中处于溶解于扩散的动态平衡状态。当不断裂解产生气使 P_{GL} 接近 1 个标准大气压时，油中溶解气体达到饱和后，将有大量的游离气体释放到油面空间，使油面气体压力急增。若此时压力达到 P_{G2}，则气体在油中的溶解浓度将达到 G_{i2}，则有

$$P_{G2} = 10^{-6} \sum \frac{C_{i2}}{K_i}$$

从而使气体在气液两相间处于新的平衡状态。随着故障的发展，产生气体的增加，油中浓度不断增加，向油面的扩散分压也不断增大，这种不断建立新的动态平衡过程，将引起设备内部压力的不断上升。

（2）油温升高引起压力变化。少油电气设备发生故障除产气外，还伴随油温升高，油温升高使油体积膨胀，设备内部油面气相空间的压力增大。根据盖吕萨克定律，若油

119

温从标准状态的 T_1（标准状况下 20℃）升至 T_2 时，则有如下气体方程：

$$\frac{P_2 V_2}{T_2} = \frac{P_1 V_1}{T_1}$$

式中　V_2——油温为 T_2 时气体空间体积；

　　　V_1——油温为 T_1 时气体空间体积；

　　　P_2——油温为 T_2 时的气体压力；

　　　P_1——油温为 T_1 时的气体压力。

由于油温的升高，油体积膨胀，因而压缩了气体空间体积，故 $V_1 - V_2 = \Delta V$，ΔV 为油膨胀的体积，表达式为

$$\Delta V = V_L \alpha (t_2 - t_1)$$

$$P_{G1} = \sum P_{iL} = 10^{-6} \sum \frac{G_{iL}}{K_i}$$

式中　α——油的膨胀系数，取 0.008。

故上式可转化为

$$P_2 = \frac{P_1 V_1 T_2}{T_1 (V_1 - \Delta V)}$$

$$\Delta V = V_L \alpha (t_2 - t_1) = V_L 0.0008 (t_2 - t_1)$$

式中　P_2——油温为 T_2 时设备内部气体空间的压力；

　　　P_1——油温为 T_1（标准状况下 20℃）时油面空间气体压力，1atm；

　　　T_2——温度为 t_2 时的绝对温度；

　　　T_1——温度为 t_1（标准状况下 20℃）时的绝对温度；

　　　V_1——温度为 T_1 时气体的体积；

　　　V_L——油温为 T_1 时设备内油的体积，L。

图 5-13　少油设备在线监测系统

2. 在线监测装置

基于密闭体系内压力随设备发生故障而变化这一物理原理，国网四川电力科学院开发出少油设备在线监测系统，并在多个 220kV 和 500kV 变电站试点应用，如图 5-13 所示。

该装置通过实时感知、诊断，实现设备状态全面掌握、取代传统的巡检和试验运维模式，全面提高对少油设备监控的时效性和有效性，能及时采取措施防止故障发生，极大地提高少油设备的安全性和供电可靠性，并节约大量人力成本。

某供电公司 220kV 变电站 C 相套管监测压力降低，压力监测趋势如图 5-14 所示，现场确定发现该相套管漏油，如图 5-15 所示。

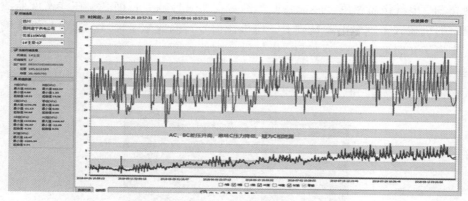

图 5-14　某 220kV 主变压器 C 相套管压力监测数据变化趋势图

图 5-15　某 220kV 主变压器 C 相套管漏油

⚡ 第三节　充 SF_6 电气设备在线监测

纯净的 SF_6 气体为无色、无味、无毒的不可燃惰性气体，具有极强的吸电子能力和良好的灭弧性能。因此，SF_6 气体作为极其优良的绝缘、灭弧介质广泛应用于电力行业中的高压断路器及变电设备中，如断路器、高压变压器、全封闭组合电器、高压传输线、互感器等电气设备。

一、SF_6 气体在线监测系统

SF_6 气体在线监测主要有 SF_6 气体泄露报警、SF_6 气体湿度和 SF_6 气体密度在线监测。SF_6 气体湿度在线监测是通过转接三通接头将 SF_6 气体湿度检测装置与设备本体连接起来，由于湿度检测元件受管路、针阀等结构影响，本体内部湿度无法扩散到安装部位空间，检测到湿度仅是局部空间湿度，所得到数据不能真实反映设备内的实际湿度，目前 SF_6 气体湿度在线监测装置极少有变电站安装。

二、技术原理

SF_6 气体密度在线监测广泛应用于变电站充 SF_6 电气设备，传统方式采用机械式表

121

计监测充 SF_6 电气设备密度，不能将监测的数据实时传输。目前 SF_6 在线密度监测系统是在原有的机械式密度继电器基础上，将机械信号转换成数字信号，通过光纤传输到控制室，实现了实时监测 GIS 等充 SF_6 电气设备内部密度。

三、在线监测装置

某换流站 GIS 安装 SF_6 密度在线监测装置如图 5-16 所示。

图 5-16　SF_6 密度在线监测系统

第六章

油务化验工作中的危化品管理

油务化验工作中，会涉及各类化学品的购买、使用、储存和报废。遵守试验安全，做好危化品管理工作是试验工作正常开展的基本保障，是对人员、环境安全的重要保护。因此，了解危化品管理内容，正确使用化学药品，科学的进行安全管理，是油务化验人员的必须掌握的技能。

⚡ 第一节　化学药品使用及储存安全管理

一、基础知识

化学品是指各种元素组成的纯净物或混合物。对化学品的标准命名是由 IUPAC（International Union of Pure and Applied Chemistry，国际理论与应用化学联合会）和 CAS（Chemical Abstracts Service，化学文摘社）等制定的。

危险化学品是指具有毒害、腐蚀、爆炸、燃烧、助燃等性质，对人体、设施、环境具有危害的剧毒化学品和其他化学品。

二、安全相关法规制度

我国对于危险化学品的经营、储存、使用（操作）、运输、报废、应急等方面都有安全要求，相关法规制度见表 6-1。

表 6-1　　　　　　　　　　危险化学品安全管理相关法规标准

文件名	类别	编号/最新版次	主要涉及内容
中华人民共和国固体废物污染环境防治法	法律	1995 年主席令第 58 号	报废
易制毒化学品管理条例	国务院令	2005 年国务院令第 445 号	经营、运输
危险化学品安全管理条例	国务院令	2013 年国务院令第 645 号	经营、储存、操作、运输、应急
危险化学品经营许可证管理办法	令国家安全生产监督管理总局	2012 年国家安全生产监督管理总局令第 55 号	经营
仓库防火安全管理规则	公安部令	1990 年公安部令第 6 号	储存、操作、组织管理
危险化学品经营企业开业条件和技术要求	国家标准	GB 18265—2000	经营、储运、操作、报废、从业资质
危险化学品单位应急救援物资配备要求	国家标准	GB 30077—2013	应急

文件名	类别	编号/最新版次	主要涉及内容
毒害性商品储存养护技术条件	国家标准	GB 17916—2013	储存、操作、应急
腐蚀性商品储存养护技术条件	国家标准	GB 17915—2013	储存、操作、应急
易燃易爆性商品储存养护技术条件	国家标准	GB 17914—2013	储存、操作、应急
常用化学危险品贮存通则	国家标准	GB 15603—1995	储存、报废、消防、培训
危险化学品泄漏事故处置行动要则	行业标准-公共安全	GAT 970—2011	应急
危险化学品经营企业分装作业安全管理规范	地方标准-北京	DB 11T 1250—2015	操作
危险化学品仓库建设及储存安全规范	地方标准-北京	DB 11755—2010	储存
危险化学品应急救援管理人员培训及考核要求	行业标准-安全生产	AQT 3043—2013	人员应急处理培训
化学品作业场所安全警示标志规范	行业标准-安全生产	AQ 3047—2013	
化学品分类和危险性公示通则	国家标准	GB 13690—2009	化学品和危险化学品的分类命名
危险货物品名表	国家标准	GB 12268—2012	化学品和危险化学品的分类命名
危险货物分类和品名编号	国家标准	GB 6944—2012	化学品和危险化学品的分类命名
化工企业劳动防护用品选用及配备	行业标准-安全生产	AQT 3048—2013	
职业性接触毒物危害程度分级	国家标准	GBZ 230—2010	

除了以上法律法规和标准，各个行业部门会根据需求发布相关规定，例如，中华人民共和国应急管理部（2018 年 3 月前为国家安全生产监督管理总局）发布的危化品目录（2015）等；公安部发布的《易制爆危险化学品名录》等。企业与实验室，则应当根据危化品管理相关法律法规，健全本身安全管理制度。

从业人员防护方面，国家管理机构为中华人民共和国人力资源和社会保障部（原人事部、劳动和社会保障部）。涉及有毒有害工作的企业与单位，需由单位向省市所在人力资源和社会保障局提出申请认定，确保相关劳动保障。涉及的标准规定有：人发［1997］107 号《关于调整农业有毒有害保健津贴和畜牧兽医医疗卫生津贴的通知》

《化学工业有毒有害作业工种范围表》《化学工业有毒有害工种范围补充表》《中华人民共和国职业病防治法》《中华人民共和国劳动法》等。

三、实验室安全管理

（一）实验室的建立及安全要求

实验室在学校、工厂、企业、科研等单位有不同性质。在电力行业中，化学实验室主要担负绝缘介质理化试验、电气性能，设备绝缘情况诊断等任务，在《电气装置安装工程电气设备交接试验标准》中，明确规定了油务化验相关项目（除 SF_6 湿度测试、检漏和绝缘油击穿电压测试）为技术难度大的特殊试验项目，需具备相应试验能力的单位进行。建立符合标准的实验室和仪器，配备具备试验能力的分析人员，都是取得试验资格的基础。具备相应企业、行业、国家、国际资质的实验室，使用的化验方法大部分是企业、行业、国家、国际标准方法，其化验结果具有一定的对应相关领域的法律作用。

常规的实验室有三类：化学分析室、精密仪器室、辅助室（按功能需求可分为资料室、储藏室、钢瓶室等）。化学分析可能使用到具有腐蚀性、易燃易爆等危险性化学药品，例如，电力化学分析常用易燃液体乙醇、色谱分析需要用到氢气、高压气瓶等。此外分析中需要频繁使用的电、气、水等也是不可忽视的消防隐患，为保障人身财产安全，合格的实验室应当建立完善的安全管理制度和应急预案，试验人员也必须掌握防火、防爆、逃生、灭火相关知识。

实验室消防相关要求如下：

1. 实验室消防设计

实验室通常集中设置，一般需要配备必要的防火和防爆设施，不能建在交通要道、锅炉房等附近，采用耐火和不易燃的材料，具备一定的防火性能，同时还有一定的防尘、防噪声、防震动要求。按照消防相关要求，门应该向外开，大型实验室设立两个出口并面向走廊或靠近楼梯口便于撤离，小实验室可以设置一个出口通往相邻实验室，但另一个出口必须面向走廊。一般来讲，有火灾及爆炸危险的实验室应当设置在独立的实验楼里，并且采用底层或者单层建筑方式。多个实验室设计则需要根据各个实验室隐患强度进行排布，确保一个实验室发生事故时，最大可能地减少或避免对其他实验室的影响。

实验室的外面设置安全总闸，用以控制电、煤气、高压气体等线路或管道。实验室的水电气设计应当在保障安全的基础上满足试验需要。

首先，实验室的照明系统。实验室应当配置总、分电源开关，将照明电源与其他设备电源分开。所有电器开关、插座采用防爆结构，对于油库等消防重地，照明灯具应当有防爆设计，例如，加装防爆网。实验设备所用的三孔、两孔电源应具有保护盖插座，侧向安装，避免因液体的溅入而短路。电源开关应尽量远离水源。涉及高电压仪器必须有接地保护措施，实验室应当预埋接地网。实验室应当配备紧急电源，可保证在停电的时候疏散通道与紧要场所的照明需要，同时也要满足事故应急设施的用电要求。如果采用备用发电机，应当能够远距离启动，或者有自动启动的功能。除了发电机，还可以使用备用蓄电池供电方式，有条件的实验楼，也可以配置双电源供电。备用电源和变压器都需要计划性定期维护检修，确保功能完好。实验室或实验楼应当设置事故照明灯，尤其在消防重地，疏散通道、楼梯等重要位置，要有醒目颜色标识的事故照明设施，逃生、疏散路线指示灯应当表征出方向指示，使疏散的人员能在出现紧急事故的情况下得以迅速疏散。

其次，实验室的通风系统。实验室内可以选择万用排放罩进行局部排风，也可以选择通风橱进行整体排风。试验所用的通风系统必须采取外循环，也就是要求新风必须全部来自室外，废气全部排出室外，不能在室内进行循环。通风柜类型较多，可以根据试验排出物质的类型选择上部排风式、下部排风式，如果不确定则选择上下同时排风式，并根据实际情况调节上下排风量的比例。若有毒害物质产生，则应当首先进行无毒化处理后才允许排放。

再次，实验室所有的台面、柜体均应采取抗酸碱腐蚀材质，有高温高热的操作台或柜，还需要使用抗高温不易燃材料，或者涂刷防火阻燃材料。实验室中短期内使用不了的化学试剂应当放入储藏柜，实验室用储藏柜容量不宜过大，并且应当具有良好的耐火，耐酸碱特性，保障试剂与危毒物的储藏安全可靠，同时也需要对不同试剂的存放空间以不同安全颜色或标识进行区分。必要时，实验室应当具备一定冷藏条件，满足部分挥发型，低温型化学品的储存条件。实验室应严格控制自存危毒物品的数量，专人双锁管理，非工作必需者不应擅自储存，更不应违反国家法制条例购买不经备案的化学试剂。过期药品需定期清除并严格履行报废手续。

最后，实验室需要根据需求敷设水、电、煤气、绝缘油、压缩空气等管道。管道材料应具备一定的化学稳定性，管线之间应保持一定的间隔。不同物质（如煤气、压缩空气等）的阀门，应该用不同的颜色或者不同的形状进行区分，并贴上相应的物质标识避免混淆。阀门的开关位置，应当有清晰可见的开关标识，一看就可以辨出是开还是关。高压气体管道还需要有一定防爆性能，高压气瓶储存柜也需要有防爆设计。所有的管道都需要定期进行渗漏检查和维护。

2. 消防设施的配制

常见的灭火设备包括消防水龙、消防栓、二氧化碳灭火器、干粉灭火器、泡沫灭火器、砂箱、灭火毯等，见表6-2。实验室应当根据不同消防要求和危险点配备不同类型的灭火器，走廊上应当有消防栓等大型灭火装置，油库等重点消防区域配备沙箱。消防水龙应附可调喷雾头（如双级离心喷雾头），用以扑救油类和一些易燃有机溶剂等物质导致的火灾。有条件的实验室还可设置防火衣，用以及时开展灭火与救人的工作。实验室和实验楼的消防应当有专门的消防管理部门或者设置兼职消防员，所有的消防器材应当有专人管理并定期检查，填写维护记录，并严格按照消防管理要求更换超期无效设备。

表 6-2　　　　　　　　　　　　火灾的分类和可使用的灭火设备

分类	燃烧物质	可使用的灭火设备	注意事项
A类：固体物质火灾	通常具有有机物性质，一般在燃烧时，能产生灼热的余烬，如木材，纸张，棉，毛，麻等	水、酸碱式或泡沫式灭火器，磷酸铵盐干粉灭火剂	

分类	燃烧物质	可使用的灭火设备	注意事项
B类：液体及可融化固体火灾	如石油化工制品，石蜡等	泡沫灭火器（最优）、二氧化碳灭火器、干粉灭火器	
C类：气体火灾	如煤气，天然气，甲、乙、丙烷，氢气火灾	干粉灭火器	水、酸碱式或泡沫式灭火器无效
D类：可燃金属	如钾、钠、镁、钛、镐、铝等	碳酸钠干粉或氯化钠干粉灭火器、干砂土	禁用水、酸碱式或泡沫式灭火器，二氧化碳灭火器、干粉灭火器无效
E类：带电火灾	物体带电燃烧的火灾	干粉灭火器或者二氧化碳灭火器	
F类：烹饪器具内的烹饪物火灾	如，动植物油脂	若火焰在锅等常压烹饪器具发生，则立即由锅盖扑灭。如引起大面积火灾，则用泡沫灭火器	

此外，实验室、实验楼内应当配置若干过滤式防毒面具或隔离式防毒面具，以便消防员及时开展灭火与救人的工作。必要时，需要在从事剧毒气体的实验室内设置报警器。遇有毒气外泄事故，可及时向附近的实验室或者监控室发出警报。

3. 实验室常见火灾事故及预防

（1）电源火灾。实验室内照明设施，电加热设备，用电仪器等发生故障时引发的火灾。主要原因有线路超载、电源电压不稳引起仪器元件烧坏，线路着火、短路等。大部分都是因为电路设置不合理，保护装置设置不到位，使用设备质量不过关造成的。因此，为确保电器设备的安全运行，在电器采购时要选择安全、符合国家标准的电器产品，严禁使用不合格和禁止使用的产品，安装工艺一定要严格把关，一定要有专业电工来完成。安装的电路系统一定要有安全有效的保险装置和稳压设备，熔丝不可用铜、铝等金属丝代替。所有电器线路应有良好的绝缘性，安装前后、定期维护时要进行绝缘检测。各种具金属外壳的电器设备，必须使用安全接地的单联三极电源插座，严禁使用多头插座供电。使用过程中，如果发现仪器稳定性突变或机壳带电，应立即停止使用，关闭电源，经电工维修，排除故障之后，方可使用。尤其实验室大功率设备（电热板、烘箱等）比较多时，一定要分流安装于不同电路上，不可存在侥幸心理将就使用。

（2）试剂火灾。试剂火灾通常指的是实验室内的化学试剂因燃烧、爆炸等原因而引起的火灾。是化学专业特有的安全管理重点。在化学实验中，我们常常用到一些易燃易爆的试剂，固体类有钠、钾、黄磷、电石等活泼物质，这些物质化学性质活泼，在常温下或遇水后就能自燃；溶液类有苯、酒精、石油醚、丙酮、二甲苯、汽油、乙醚等，这类试剂具有易发挥、闪点低的特点，在遇明火的情况下，很容易引起燃烧；气体类有乙炔、氢气、甲烷、乙烷等气体，在一定浓度下遇明火易产生爆炸；还有一些强氧化剂，例如，硝酸盐类，遇到高温、摩擦、撞击时会便发生爆炸。这些试剂在燃烧和爆炸时，不仅仅会引起火灾，产生强大的冲击能量，还会撞击损坏物品，伤害人员，引起伤亡事故。因此，在管理和使用这些试剂时一定要科学管理、科学使用。具体来说，要注意以下几点：

1）严格控制实验室内易燃易爆试剂的存放量，按需采购。试剂使用完毕要妥善保管，定期做好使用登记，存量盘点。反应废液要妥善处理，履行报废流程，不可直接倒入水槽或下水管道中。

2）易燃易爆物质的存放应当根据其物化性质进行合理储存。常温下易自燃的物质要低温保存；遇水易燃烧的试剂要存放于隔水防潮阻燃的介质中；见光易分解或发生爆炸的试剂应当避光保存。严禁易燃易爆试剂的跑、冒、滴、漏，禁止用火焰进行上述检查。

3）所有易燃易爆的试剂都应当贮存于阴凉干燥、通风良好的贮藏室内，避免因混放、混合或接触发生激烈反应、燃烧、爆炸或放出有毒气体物质。

4）在试验操作中，量取或使用易挥发、易燃易爆试剂时，必须在通风橱内进行，严禁将瓶口对着自己或他人。

5）严禁氧化剂与可燃性物质一起研磨。

6）严禁用火焰或电炉直接加热或蒸馏易燃易爆试剂。

7）严禁使用不知其成分的试剂。

8）试验操作过程中需小心谨慎，如果身体上或桌面上不小心沾上易燃物质，应立即冲洗干净，在确认无危险前不得接近明火。

9）做好事故预案，并定期演练，当易挥发、易燃易爆试剂发生泄漏时，应立即打开门窗通风换气，关闭电器，切断电源，避免出现火星等引起燃烧或爆炸。

表6-3列举了电力化学分析中可能会遇到的易爆混合物，其中一些化学药品在单独存放时比较稳定，若与其他物质混合就会变成易燃易爆品，在受热、受压、撞击等外界作用下发生爆炸。某些气体本身易燃，再与空气混合达到爆炸极限浓度，则遇火爆炸。

表6-3　　　　　　　　　　　部分易爆混合物

主要物质	混合物质	产生结果
浓硝酸、硫酸	松节油、乙醇	易燃混合物
乙炔	银、铜、汞（II）化合物	爆炸
氢气	空气	遇明火爆炸极限值4.1%~75%
一氧化碳	空气	遇明火爆炸极限值4.1%~75%
硫化氢	空气	遇明火爆炸极限值4.1%~75%
乙炔	空气	遇明火爆炸极限值2.5%~80%
乙酸乙酯	空气	遇明火爆炸极限值2.2%~11.4%
乙醇	空气	遇明火爆炸极限值3.3%~19%
甲醇	空气	遇明火爆炸极限值6.7%~36.5%
苯	空气	遇明火爆炸极限值1.4%~7.6%

4. 实验室灭火常识

实验室工作人员不仅要能够科学地管理、使用各种仪器和药品，而且还要熟悉灭火常识，能够熟练地操作实验室配备的灭火设备。一旦发生火情，实验室人员应沉着冷静，首先保障人身安全，及时地采取正确有效的灭火措施。首先立即切断电源。关闭燃气阀门，移走可燃物，用湿抹布、细沙或石棉布覆盖熄灭火源。若火势较大，立即根据燃烧物质的性质，选择对应的灭火器进行灭火，并迅速向消防部门报警请求救援。若衣服着火，应立刻用湿布或石棉布灭火，不可慌乱逃跑，燃烧面积如果比较大，可以躺在地上打滚灭火。

（二）化学试验常用仪器、用具和设备的使用和管理

1. 常用器皿

实验室分析常用器皿可以简单分为玻璃与非玻璃两类，其中，玻璃器皿有较好的化学稳定性，不受一般酸碱盐腐蚀（氢氟酸或者长期存放浓、热碱除外），是分析化学中常用到的工具，玻璃的主要化学成分为 SiO_2、Al_2O_3 等，其中 SiO_2 和 B_2O_3 含量越高，化学稳定性和热稳定性越好，常见的有特硬料和 95 料的硬质玻璃，可以作为能加热的玻璃器皿。而普通的白料或者管料则用于制造量器、滴管、培养皿等。其他非玻璃材质器皿主要有塑料、氟塑料器皿、滤纸、试纸、金属器皿、瓷质类器皿等，电力化学分析中常用器皿的用途及注意事项见表 6-4。

表 6-4　　　　　　　　　电力化学分析中常用器皿的用途及注意事项

名称/图示	常见规格	主要用途	注意事项
烧杯（普通型、印标或刻度烧杯）	容量/ml：1、5、10、15、25、50、100、150、250、300、400、500、600、800、1000、2000、3000、5000	化学试剂反应器、加热、溶解、混合、煮沸、熔融、蒸发浓缩、稀释及沉淀澄清、腐蚀性固体药品称重等	待加热溶液不可超过总容量2/3，1/3为宜；溶解时溶液不超过1/3为宜；石棉网加热，均匀受热，不可烧干，不可用于量取和长期存放化学药品
三角烧瓶（锥形瓶）（具塞与无塞）	容量/ml：常见50-250、特制10-2000	滴定试验、普通试验、加热、容量分析	待加热溶液不可超过总容量2/3，1/3为宜；溶解时溶液不超过1/3为宜；石棉网加热（电炉可除外），均匀受热，不可用于量取和长期存放化学药品。同一方向旋转

129

续表

名称/图示	常见规格	主要用途	注意事项
 容量瓶 量入式、量出式， 无色，棕色，分等级	容量/ml： 10、25、100、150、200、250、500、1000	配置标准体积的溶液	溶质先在烧杯内全部溶解，然后移入容量瓶；不能直接加热，不能用毛刷洗刷；不能代替试剂瓶用来存放溶液；读数时视线应于液面水平，读取与弯月面最低点相切的刻度；不可用烘箱烘干；瓶的磨口瓶塞配套使用；漏水的不能用
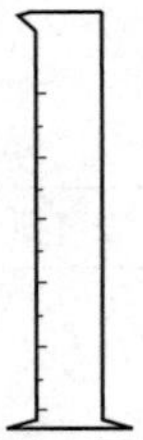 量筒、量杯 （具塞与无塞）	容量/ml： 5、10、25、50、100、200、250、600、1000、2000	粗略的量取一定体积的液体	不能作为反应容器，不能加热，不可量热的液体；读数时视线应于液面水平，读取与弯月面最低点相切的刻度；不可在烘箱中烘；不能装热溶液；操作时要沿着量筒壁加入或倒出液体
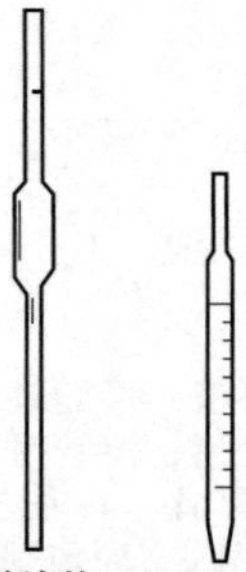 移液管　吸量管 移液管 无刻度的为移液管， 有刻度的为吸量管	容量/ml： 1、2、5、10、25、50、100	精确移取一定体积的液体用	不能加热，要保持洁净；使用方法为将液体吸入，液面超过刻度，再用食指按住管口，轻轻转动放气，使液面降至刻度后，使食指按住管口，移往指定容器上，放开食指，使液体注入；用时先用少量欲移取液淋洗三次；一般吸管残留的最后一滴液体，不要吹出（完全流出式应吹出）；吸管用后立即清洗，置于吸管架（板）上，以免玷污；具有精确刻度的量器，不能放在烘箱中烘干；读取刻度的方法同量筒

名称/图示	常见规格	主要用途	注意事项
 分液漏斗 球形、梨形、筒形、锥形漏电；长颈、短颈	容量/ml： 50、100、250、1000以及无刻度	用于液体分离、洗涤、萃取和富集；气体发生器装置中加液用；滴液漏斗用于反应中滴加液体	磨口必须原配，漏液的不能使用，不能加热；使用前，将活塞涂一薄层凡士林，插入转动直至透明；如凡士林少了，会造成漏夜，太多会溢出玷污仪器和试液；分液时，下层液体从漏斗管流出，上层液体从上口倒出；漏斗间活塞应用细绳系在漏斗颈上，防止滑出跌碎；萃取时，振荡初期应放气数次，以免漏斗内气压过大；长期不使用需在磨口处垫纸
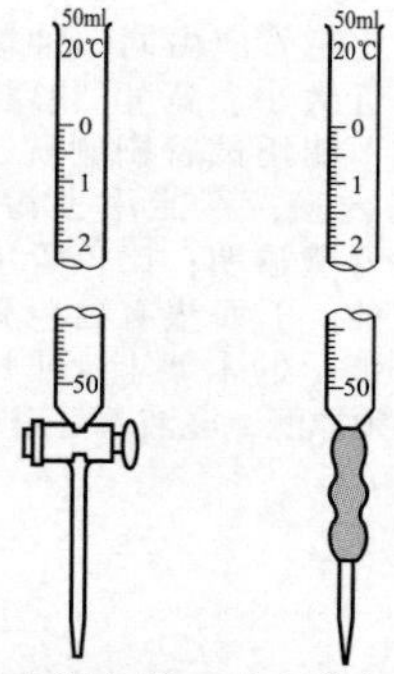 酸式滴定管 碱式滴定管 分等级，量出式， 无色、棕色	容量/ml： 10、50、100	容量分析滴定操作	活塞要匹配，漏液不能使用，用前洗净，装液前用预装溶液淋洗三次；酸式管滴定时，用左手开启旋塞，碱式管用左手轻捏橡皮管内玻璃珠，溶液即可放出；碱管要注意排干净气泡；酸管旋塞应擦凡士林，碱管下端橡皮管不能用洗液洗；酸管、碱管不能对调使用；酸液放在具有玻璃塞的滴定管中，碱液放在带橡皮管的滴定管中；滴定管要洗净，溶液流下时管壁不得挂有水珠。活塞下部要充满液体，全管不得留有气泡；滴定管用后应立即洗净；不能加热及量取热的液体，不能用毛刷洗涤内管壁
 干燥器 普通、真空 干燥两种	直径/mm： 150、180、210、300	内放干燥剂。保持烘干及灼烧过的物资的干燥；干燥制备的物质	灼烧过的物品放入干燥器前，温度不能过高，并在冷却过程中每隔一定时间开一开盖子，以调节器内压力；干燥器内的干燥剂要按时更换；小心盖子滑动而打破

名称/图示	常见规格	主要用途	注意事项
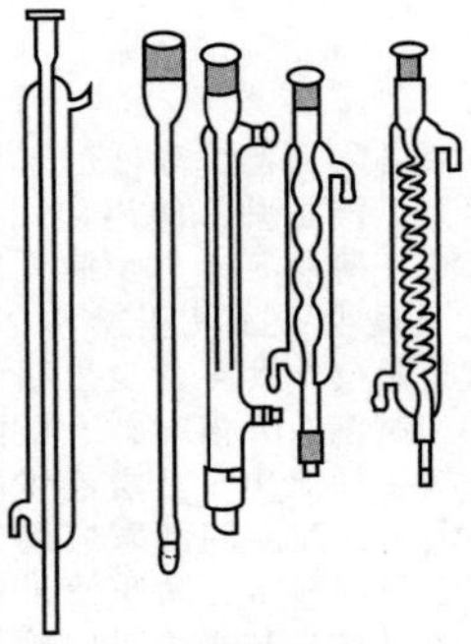 冷凝管 空气、直形、 球形、蛇形冷凝管	全长/mm： 320、370、490	蒸馏操作中作冷凝用；球形冷凝管冷却面积大，适用于加热回流；直形、空气冷凝管用于蒸馏。沸点低于140℃的物质用直形；高于140℃的用空气冷凝管	不可骤冷骤热；装配仪器时，先装冷却水橡皮管，再装仪器；套管的下面支管进水，上面支管出水，开冷却水需缓慢，水流不能太大
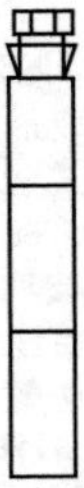 比色管 无塞与有塞， 刻度与无刻度	容量/ml： 10、25、50、100	在目视比色法中，用于比较溶液颜色颜色的深浅	一套比色管应由同一种玻璃制成，且大小、高度、形状应相同；不能用试管刷刷洗，以免划伤内壁；不能用去污粉，需保持管壁透明；比色管应放在特制的、下面垫有白色瓷板或配有镜子的木架上；非标准磨口必须原配，漏液不可用
 洗瓶 吹出型和挤压型， 玻璃，塑料	经济洗瓶（常用500ml经济洗瓶）、安全洗瓶（蒸馏水洗瓶、甲苯洗瓶、乙醇洗瓶、甲醇洗瓶、丙酮洗瓶、异丙醇洗瓶、次氯酸钠洗瓶）、耐溶剂洗瓶，塑料洗瓶（红）（即红嘴洗瓶）	用蒸馏水洗涤彻底沉淀和容器用；塑料洗瓶使用方便、卫生；装适当的洗涤液洗涤沉淀。	吹出型由平底玻璃烧瓶和瓶口装置一短吹气管和长的出水管组成；挤压型由塑料细口瓶和瓶口装置出水管组成；不能装自来水；塑料洗瓶不能加热

名称/图示	常见规格	主要用途	注意事项
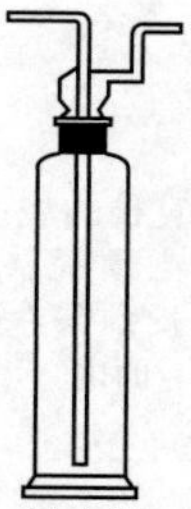 洗气瓶 球形、筒型、孟式、特式	容量/ml： 125、250、500、1000	洗去气体中杂质，将不纯气体通过选定的适宜液体介质鼓泡吸收以达净化气体的目的。在有可燃性气源的实验装置中起到安全瓶的作用。收集气体以及计算气体的体积	不能长时间盛放碱性液体洗涤剂，用后及时将该洗涤剂倒入有橡胶塞试剂瓶存放待用，并用水清洗干净放置；一般情况下，长导管进，短导管出。长导管进密度比空气大的气体，短导管进密度比空气小的气体；用向上排空气法说明所收集的气体密度大于空气。长进短出可以使所收集的气体把空气压出去，如果短进长出所收集的气体将直接从长管跑出
 滴瓶 无色、棕色	容量/ml： 30、60、125	盛放少量液体试剂和溶液	不能加热；棕色瓶盛放见光易分解或不稳定的试剂；取用试剂时，滴管要保持垂直，不接触接受容器内壁，不能插入其他试剂中；不要将溶液吸入橡皮头内
 蒸发皿 瓷制、玻璃、石英、铂或铜等	直径/mm： 60、90、120、180	可用于蒸发浓缩溶液的器皿	可在三脚架上直接加热，也可用石棉网、水浴等间接加热，加热时，可用玻璃棒搅拌。可根据不同用途，选用不同的规格和质料；可耐高温，但不宜骤冷
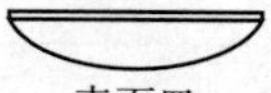 表面皿	直径/mm： 45、60、75、90、100、120	蒸发液体；遮灰；作容器暂时盛放固体或液体试剂；作承载器，用来承载pH试纸	不能直接加热，需垫上石棉网；用来做可以作遮挡灰尘的盖子时，直径要大于所盖容器
 称量瓶 扁形、筒形	容量/ml： 10、15、20、30、50	用于准确称量一定量的固体	盖子是磨口配套的，不得丢失、弄乱；用前应洗净烘干；不用时应洗净，在磨口处垫一小纸条；不能直接用火加热；称量时不可用手直接拿，应当用指套或洁净纸条

名称/图示	常见规格	主要用途	注意事项
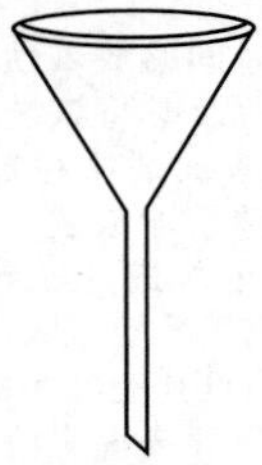 漏斗 短颈、长颈、粗颈、无颈	锥体角均为60°长颈/mm：口径 30，60，70，管长 150 短颈/mm：口径 50，60，管长 90，120	引导溶液入小口容器中；长颈用于定量分析过滤沉淀；短颈用于过滤；粗颈漏斗用于转移固体	不能用火直接灼烧；过滤时，漏斗颈尖端必须紧靠承接滤液的容器壁；长颈漏斗作加液时斗颈应插入液面内
 胶头滴管 尖嘴玻璃管和橡胶乳头构成	—	吸取少量（数滴或1~2mL）试剂。	溶液不得吸进橡皮头；用后立即洗净内、外管壁；必要时需要对每滴体积进行简单估算
 针筒（注射器） 螺口、直口、一体型、无针式等；玻璃、塑料	容量/ml： 0.001、0.01、1、2、5、10、20、50、100、150	抽取或者注入一定量的气体或者液体	要保证针头与针筒的匹配，检查密封性；微量注射器尤其要注意不可用火烧的方式解决堵塞问题，应当用铁丝疏通
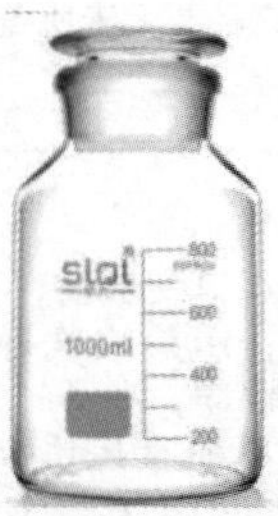 磨口瓶 棕色、无色	容量/ml： 250、500	装化学试剂，磨口防止试剂逸出或者空气进入	要保证瓶盖和磨口瓶的匹配度；不可长期盛放碱性钠盐溶液

续表

名称/图示	常见规格	主要用途	注意事项
硬质玻璃棒	长度/mm：300、320	在过滤等情况下转移液体的导流；用于溶解、蒸发等情况下的搅拌；对液体和固体的转移；引发反应如引燃红磷；使热量均匀散开	搅拌时不要太用力，以免玻璃棒或容器（如烧杯等）破裂；搅拌不要碰撞容器壁、容器底，以免发出声音；搅拌时要以一个方向搅拌（顺时针、逆时针都可以）
干燥管 球干燥管、U型干燥管等	—	对少量气体进行干燥；滤除气体中杂质；防止装置中的物质吸收水分；放入玻璃棉用来吸附酸雾等。U形干燥管还可作气体吸收前后的称量操作用	干燥管中不能装液体（如：浓硫酸），只能装固体
酒精灯	容量/ml：60、150、250	作为热源灯具；进行焰色反应；微生物实验室用来灭菌等；玻璃仪器加工；其他工艺品制作	酒精灯的灯芯要平整，适时用剪刀修正；酒精不超过酒精灯容积的2/3，不少于1/3；禁止向燃着的酒精灯里添加酒精；禁止用酒精灯引燃另一只酒精灯，要用火柴点燃；用完酒精灯，必须用灯帽盖灭，不可用嘴去吹；不要碰倒酒精灯，万一洒出的酒精在桌上燃烧起来，应立即用湿布或沙子扑盖；勿使酒精灯的外焰受到侧风，一旦外焰进入灯内，将会爆炸

2. 常用电器

实验室分析通常需要使用电器进行制热、制冷、制动、测量等，这些电器设备应当遵循实验室安全使用原则，实验室人员也需要掌握相关电器的安全使用，表6-5列出了电力化学分析实验室常用电器的用途和安全注意事项。

表6-5　　　　　　　　　　　常用电器及安全注意事项

类型	举例	安全注意事项
制热设备	电炉、电热板、电热套、高温炉、电热恒温箱（烘箱）、电热恒温水浴锅等	（1）使用电压和功率满足要求，采用专用插座。 （2）设备绝缘良好，确保安全。 （3）如试验台材质是可燃性材质，需用石棉板、石棉布、耐火砖等隔热材料进行隔离。 （4）若被加热物质能产生腐蚀性或有毒气体，应当在通风橱中进行。烘箱不可用于烘干易燃易爆有腐蚀性的物体。如果必须烘干滤纸等纤维物品，严格控制温度。 （5）实验人员操作时要佩戴劳保用品，防止烫伤和触电

续表

类型	举例	安全注意事项
制冷设备	电冰箱、空调等	（1）要有独立电源插座，保证连续运行。 （2）强酸强碱、腐蚀性物品、挥发性物品需密封后放入冰箱。 （3）制冷电器需定期清洁，避免二次污染
电动设备	电动搅拌器、电动离心机、电磁搅拌器、振荡器（摇床）、超声波清洗机等	（1）电动设备常用于配合实验分析部分操作，通常有震动，需要放在稳固的台面上，防止滑动震动出现事故。 （2）电动设备工作时，人员注意安全距离，不可用手随意触碰
其他	稳压器、电源、电能表、电烙铁等	这部分小电器或工具为实验室辅助、维修工作，应当予以配备，实验人员掌握相关用法

3. 天平

天平用于精准测定物体质量，有普通天平、分析天平、常量分析天平、微量分析天平、半微量分析天平等。按照天平的相对精度可把天平分为 10 级，见表 6-6。

表 6-6　　　　　　　　　　　　天平精度分级

精度级别	1	2	3	4	5	6	7	8	9	10
相对精度	1×10^{-7}	2×10^{-7}	5×10^{-7}	1×10^{-6}	2×10^{-6}	5×10^{-6}	1×10^{-5}	2×10^{-5}	5×10^{-5}	1×10^{-4}

电力化学分析主要使用普通电子天平和分析天平。电子天平是利用电子装置完成电磁力补偿的调节。在使用中需要注意以下几点：

（1）天平要正确安放在安全称重室或稳固的工作台上，规避环境因素带来的气流波动，温度变化大，阳光直射，振动和静电等。

（2）经常保持天平室内的环境卫生，避免腐蚀性物品、粉尘污染。

（3）天平使用前，要调整水平、预热、校准，后称重。

（三）化学试验试剂管理

1. 常见化学试剂的分类储存

化学药品应按性质分类存放，并采用科学的保管方法。常见药品存放主要遵循以下要求：

（1）酸与碱、活泼金属与酸、强氧化剂与还原剂、固体与液体应当分开存放。

（2）易挥发物质密封存放。

（3）金属钠、钾的保存介质为煤油。

（4）金属锂的保存介质为石蜡。

（5）碘应用石蜡封口贮放在容器中。

（6）白磷、溴的保存介质为水。

（7）氯酸钾、硝酸铵不可与可燃物混放，且需要要放在平稳的地方以防爆炸。

（8）酒精等易燃物应密封且远离火源。

（9）见光易分解变质的物质（如浓硝酸、硝酸银等）装入棕色瓶中，并放置阴冷处。

（10）氢氟酸应放在塑料瓶中。

（11）碱放在带橡皮塞的试剂瓶中。

（12）其他特殊试剂保存方法应当按照其物化特性进行规范保存。

2. 危险化学品的安全管理

电力化学分析中使用或产生的危险化学品主要有氢氧化钾、氢氧化钠、邻苯二甲酸氢钾、乙醇等，其主要的理化性质和危害特性见表6-7。

表 6-7　　　　　　　　　　　电力化学分析中常见危险化学品

名称	理化性质	火险分级	危险特性
氮气	临界温度（℃）：−147；临界压力（MPa）：3.40；微溶于水、乙醇	不燃	若遇高热，容器内压增大，有开裂和爆炸的危险
氢氧化钾	固体，溶于乙醇，微溶于醚	不燃	对组织有灼伤作用，随温度与浓度升高作用越强，生态毒性 TLm：80ppm（24h）
氢氧化钠	固体，潮解，无色晶体	不燃	强烈刺激和腐蚀性，不会燃烧，遇水和水蒸气大量放热
乙醇	易溶于水，相对密度 0.816	易燃	易燃，刺激，慢性毒性
邻苯二甲酸氢钾	固体	不燃	弱酸性
卡尔费休试剂	混合液态试剂	不燃	有毒，含吡啶化合物
四氯化碳	液体	不燃	有毒，高浓度蒸气对粘膜有轻度刺激，中枢神经有麻醉作用

对于危险化学品，需制定专门的管理细则进行安全管理：

（1）储存、使用、报废化学危险品必须遵照国家法律、法规和其他有关规定。

（2）化学性质相抵触、灭火方式不同的化学品，应当进行分类保存，有毒、有害物质应当进行分类隔离保存。

（3）危险化学品必须由专人进行保管，双锁管理，有专门的危险品管理使用记录，并做好定期查验。

（4）储存危险化学品的建筑必须安装通风设备，定期维护。

（5）遇火、热、水等能引起燃烧、爆炸、产生有毒气体的化学危险品不得在露天、潮湿、积水的建筑物中储存。

（6）化学危险品入库时，应该严格检验物品的质量，数量，完整情况，并做好入库登记手续。

（7）存放地点应该严格控制温度、湿度，尤其是对于需要低温保存的化学品，要经常检查，发现变化要及时调整，有条件的情况下需要有备用紧急转移地点。

（8）根据危险品的特性和存放地点的条件，必须配置相应的消防设备、设施或灭或药剂。并配备经过培训的兼职消防员。

此外，每个分析实验室需要针对危险化学品制定预防措施：

（1）替代。加强对试验工艺、试验方案的升级改造，选用无毒或低毒的化学品替代有毒有害的化学品，选用可燃化学品替代易燃化学品。

（2）隔离。隔离就是通过封闭、设置屏障、遥控等措施，避免作业人员直接暴露于有害环境中。最常用的隔离方法是将使用的设备完全封闭起来，通过远程操作、遥控操作等方式不接触化学品。

（3）通风。通风是控制作业场所中有害气体、有害粉尘等最有效的措施。试验室常见的通风系统有通风橱、万向排风罩等。借助于有效的通风，可以大幅度降低空气中有害气体、蒸汽或粉尘的浓度，以确保试验人员的身体健康，有效防止火灾、爆炸事故的发生。通常通风罩用于点式扩散源，属于局部排风，适用于污染源处于通风罩控制范围内的情况；通风橱则适用于更大面积的扩散源，若为生产单位的大面积的面试扩散源，则需要在试验场地设计阶段考虑空气流向等因素，采用全面通风的方式。通风只是扩散低浓度有毒有害物质，避免人体伤害，对于腐蚀性、污染物量大的作业场所，则需要考虑环境影响因素，不可简单的将有毒有害气体排到大气中。

（4）个体防护。当实验室中有害化学品的浓度超标或者有损害人体健康风险时，试验人员就必须使用针对性的个体防护用品，例如，护目镜、手套等。防护用品主要有头部防护器具、呼吸防护器具、身体防护用品、眼防护器具、手足防护用品等。

（5）卫生。卫生包括保持实验室清洁和分析人员的个人卫生两个方面。试验完成后养好习惯清洗试验台和器具，对废物、溢出物加以适当处置，保持实验室清洁，能有效地预防和控制化学品危害。实验分析人员也应当养成良好的卫生习惯，试验时严格按照防护要求操作，良好的试验习惯防止有害物附着在皮肤上，防止有害物通过皮肤渗入体内。

（四）化学分析常用手册及辅助工具

1. 化学专业常用软件

美国 CambridgeSoft 公司开发的 ChemOffice 软件包是目前最常用的化学专业科学应用软件，有三大组件：ChemDraw、Chem3D、ChemFinder。其中 ChemDraw 流行度最高，用于化学结构绘图，该组件内嵌了许多国际权威期刊的文件格式，是近几年化学界出版物、稿件、报告、CAI 软件等领域绘制结构图的标准。另外两个组件是用于绘制分子结构模型和仿真的 Chem3D，化学数据库信息查询的 ChemFinder。

除了 Chemoffice 系列，化学化工行业还可能用到 Visio、Origin 等软件，其中 Visio 主要用于创建流程图、数据库模型图、平面布置图等，Origin 针对数据的图形化，绘制线图、散点图、雷达图、矢量图、三维立体图等。

2. CAS 编号查询

部分化学物质有多种名称，会引起检索不便，对此，美国化学会的下设组织化学文摘社为每一种出现在文献中的物质分配一个 CAS 编号。这个 CAS 编号（CAS Registry Number 或称 CAS Number，CAS Rn，CAS #）又称 CAS 登录号或 CAS 登记号码，在生物化学上便成为物质唯一识别码的代称，是化学物质（化合物、高分子材料、生物序列、混合物或合金）的唯一的数字识别号码。

CAS 编号分为三部分，第一部分是 2~7 位数字，第二部分是 2 位数字，第三部分有 1 位数字，这个数字作为校验码。校验码的计算方法如下：CAS 顺序号（第一、二部分数字）的最后一位乘以 1，最后第二位乘以 2，依此类推，然后再把所有的乘积相加，再把和除以 10，余数就是第三部分的校验码。举例来说，H_2O 的 CAS 编号前两部分是 7732-18，则其校验码＝（8×1＋1×2＋2×3＋3×4＋7×5＋7×6）mod 10＝5（mod 为求余运算符），所以水的 CAS 为 7732-18-5。

用法：如今各大网站的化学数据库普遍都可以用 CAS 编号检索，例如 anychem 化工词典（在线搜索工具）等。

⚡ 第二节　绝缘油安全管理

一、绝缘油安全管理发展历程

电力行业常用的绝缘油是一种混合物，是天然石油中经过蒸馏、精炼而获得的一种矿物油，又称变压器油、方棚油等，其主要成分是烷烃、环烷族饱和烃、芳香族不饱和烃等化合物，新油的酸、碱、硫、灰分等杂质含量很低，毒性尚待研究，但长期接触对人体皮肤有一定腐蚀性。废绝缘油（矿物油）是因受杂质污染，电解、氧化和热等的作用，改变了原有的理化性能而不能继续使用时被更换下来的油，属于毒性物质，其内含的石油类物质、硫化物、富营养物等对水和土壤的污染特别严重，根据《国家危险废物名录》规定属于危险废物，类别为 HW08（废矿物油和含矿物油废物）。

废矿物油和含矿物油废物是公认的致癌和致突变化合物。实验表明，如果废矿物油内的有毒物质通过人体和动物的表皮渗透到血液中，并在体内积累，会导致各种细胞丧失正常功能。不正确的接触废弃矿物油影响人体健康，随意倾倒、泄漏废油，还会给环境带来二次黑色污染。如果把废矿物油倒入土壤，可导致植物死亡，被污染土壤内微生物灭绝。如果废矿物油进入饮用水源，1 吨废矿物油可污染 100 万吨饮用水。电力绝缘的安全管理不善，则会对水体和土壤造成严重污染，危害动植物的生长和人类生存环境。目前电力绝缘油的安全管理主要在于油的净化与废油的再生、处理。

此外，电力绝缘油的闪点值通常大于 135℃，而根据《化学品分类和危险性公示通则》，易燃液体是闪点不高于 93℃ 的液体，因此，常用电力绝缘油不属于易燃液体。在实际运行中，一般油浸式变压器的绝缘多采用 A 级绝缘材料，其耐油温度为 105℃，规定正常运行绕组最高温度 98℃，因此也较少达到引起绝缘油闪火的条件。

二、绝缘油生产、运输、储存和报废

电力绝缘油的供应厂商通常为各大石油公司，用油单位从接受原材料开始储存、输送、处理、取样、试验、使用等系列环节都有对应的规程制度。

（一）接收原材料

新油入库时，必须进行验收试验，数据合格才能送入油库。新油的出厂报告上应明确油的产地和炼油公司，由此掌握油基类型（环烷基或石蜡基）。入库前复测油中溶解气体组分含量、介损、酸值、水溶性酸、耐压值、pH 值、闪点和凝固点等项目。保存新油出厂报告和复验收报告，并对比分析。

（二）运输与储存

绝缘油的运输应当由有资质的运输单位进行，运输和储存的载体通常为储油罐和储

油桶。

储油罐要求设计为可加盖密封型，能够阻挡水分和灰尘的混入，不同油基类型的绝缘油应当用不同的容器储存，严禁油罐混用。如果需要少量混合不同油基的油，混合比例不应超过规定要求，而且要经过严格的相容性试验，合格后方可进行混油。较长时间的储存容器，应当采用真空储存或在油面上充以干燥的 N_2，可以有效防止油表面与空气的长期接触而加速老化，大型储存罐体上部应当有变色硅胶显示受潮情况。油的输送管路系统应当保持密封良好，定期维护，防止油的输送过程中混入空气形成气泡影响计量和油品，也防止油的泄漏，造成损失和安全隐患。

储油装置或油处理设备周围的环境必须保持整齐清洁，必须备有灭火器、砂池等消防器材，在这些场所应严禁吸烟和明火作业，并用醒目的标识告知，不得存入易燃易爆物品。如果需要建立油库，需要符合国家标准要求，并在政府职能部门备案。油库管理、油处理设备等都应设专人负责，明确工作职责，工作人员应当熟练掌握设备性能和操作方法，并能使用消防设施。

(三) 再生和报废

废油含有多种有毒性物质，必须进行报废或再生处理。最早的废油回收采用的是硫酸—白土工艺，该技术简单，成本低，是早期电力行业自行采用的废弃变压器油再生方式。但是该方法需要消耗大量硫酸 (需公安局备案的管制化学品)，会产生 SO_2 等酸性气体，还会产生难以处理的酸渣、酸水等，形成二次污染。加之用此办法再生的矿物油质量不高，目前该方法已经被禁止。随着环保要求的提高，目前电力行业产生的废矿物油应交由有处置资质的单位处置。现在的废矿物油再生技术大多采用物理方法通过蒸馏、冷却、压滤、过滤等工序分离废矿物油，将其中的水和杂质过滤、沉淀分离出来，生产出达到或接近某种工业用油品质的矿物油。

废油的典型再生工艺流程为，首先收集废矿物油，然后将废油输送到加入了絮凝剂溶液的沉降槽进行沉降分离。在分层以后，将下层水和渣导出，废弃的水和渣需再次过滤后分别处理，其中废渣包装后放置在废渣区处理，废水则需排放到废水处理池。上层的油层则输送至蒸馏釜中进行减压蒸馏，分离轻组分和水，下层水则继续排往废水处理池，上层油层则为所需要的矿物油，经冷却后包装即为成品。

矿物油是不可再生资源，随着油价不断走高，无论从环保的角度还是资源节约的角度，都应当鼓励发展废油再生利用制度，我国也出台了相关法律法规和优惠政策全力支持再生利用行业。作为用油企业，必须严格按照国家标准要求，严禁随意浪费和自行随意处置废油，必须交由具备环保资格的专门回收单位进行回收处理，并保存好报废履行证明。

三、绝缘油分析试验人员安全防护

20 世纪 80 年代以前，变压器油的质量不高，曾经含有对人体有害的成分，但现在已经进行了改良，危害性减小。但是由于绝缘油对人体皮肤存在一定的腐蚀性，运行中的绝缘油在经历了高温高电压催化的理化反应后，导致各类腐蚀性和毒性物质增加，试验人员在进行取样、试验过程中，一定要使用防护隔绝手套，同时避免绝缘油的外漏。

第三节 SF₆气体安全管理

一、SF₆气体安全管理发展历程

电力行业中，SF_6气体安全管理经历了两个阶段，早期的 SF_6 气体侧重于防止 SF_6 气体本身产生的有毒有害分解产物对人体的伤害，随着 SF_6 气体对温室效应的影响研究，SF_6 的安全问题渐渐集中到了环保问题上。

温室效应，是指大气中的 CO_2 等温室气体能透过太阳短波辐射，使得地球表面升温，同时阻挡地球表面向宇宙空间发射长波辐射，从而使大气增温。由于 CO_2 等气体的这一升温作用与"温室"的效果类似，故称之为"温室效应"，造成这样一种现象的 CO_2 等气体，则被称之为"温室气体"。

SF_6 气体并非天然产生，由后期人工合成，其体量相对于 CO_2 很小，CO_2 对温室效应的影响占比为 60%，SF_6 气体的影响仅占 0.1%。但是，SF_6 气体分子对温室效应造成的危害却不小，SF_6 气体一个分子对温室效应的影响为 CO_2 分子的 25 000 倍，而且由于 SF_6 分子的稳定性，排放在大气中的 SF_6 气体寿命长约 3400 年，影响更为深远。因此，在 1997 年，SF_6 气体被《京都协议书》列为禁止排放的六种气体之一。减少温室气体排放、减缓气候变化是《联合国气候变化公约》和《京都协议书》的主要目标。

与此同时，随着电力行业的发展，SF_6 设备在电网占比越来越高，一旦运行后，设备中的 SF_6 气体分解产物也发生很大变化，对人体和环境损害严重。

随着中国社会的发展，国际责任的提高，我国在减少温室气体排放方面所面临的国际压力越来越大，环境友好渐渐纳入了安全管理中重要的环节，作为 SF_6 气体使用较多的电力行业，承担着对应的重要安全环保管理责任。在 2010 年，国家电网公司将 SF_6 回收利用等环境安全保护工作思路纳入企业标准。例如，在 QGDW 471—2010《运行电气设备中 SF_6 气体质量监督与管理规定中》，明确要求运行设备中 SF_6 气体需要回收、净化处理和回充，满足节能减排的需求，建设绿色电网，树立国家电网公司良好形象。

二、使用 SF₆气体作为绝缘介质的典型设备

（一）GIS（gas insulated substation），即气体绝缘全封闭组合电器

GIS 是将一座变电站中除变压器以外的一切设备，包括断路器、隔离开关（刀闸）、接地开关、电压互感器、电流互感器、母线、电缆、避雷器、进出线套管等，经优化设计有机地组合成一个整体，这些部件全部单独或组合封闭在金属接地的外壳中，在其内部充有一定压力的 SF_6 绝缘气体，故也称 SF_6 全封闭组合电器。

由于占地少，可靠性高等优点，自 20 世纪 60 年代实用化以来，GIS 已广泛运行于世界各地。通常 GIS 中 SF_6 气体的用量较大，一个普通 GIS 气室的用气量可达到数百公斤。目前，GIS 装置在大中城市、电厂等都已经普遍使用，电力公司也不断将常规的 AIS 站改装为占地面积更小的 GIS 站。

（二）断路器

早期的断路器以绝缘油作为绝缘介质，随着 SF_6 气体的发明，其优良的绝缘性能和

灭弧性能逐渐替代了绝缘油。从生产维护成本考虑，SF_6 气体绝缘断路器具有尺寸小、质量轻、开断容量大、维护工作量小等优点，目前，35kV 的中压断路器基本上是真空断路器和 SF_6 断路器平分市场，110kV 和 220kV 断路器基本被 SF_6 型垄断，类似的产品还有 AIS、PASS MO、COMPASS 等。

（三）其他

除了断路器和 GIS，市场上还有互感器、环网柜、各种配电用的开关柜等充 SF_6 绝缘的产品不断涌现。气体绝缘变压器（GIT）和气体绝缘电缆（GIC）也都在研究当中，目前未形成主流产品，一旦设计技术壁垒攻克，其用量不可估量。

三、SF_6 气体运输、使用、储存

SF_6 气体本身是无毒性的（高浓度 SF_6 会对人体有轻微影响），之所以变为有毒气体，实际上是因为该气体同其他物质发生化合反应生产剧毒物质。通常过程为，在高温、放电作用下，电气设备内的 SF_6 气体及其分解物、与电极（Cu-W 合金）、金属材料（Al、Cu 等）、绝缘材料、水分等进一步反应而生成某些有毒产物。

常见的 SF_6 气体的毒性化合物有：二氧化硫（SO_2）及氟化亚硫酰（SOF_2）、四氟化硫（SF_4）、氟化硫酰（SO_2F_2）、氟化硫（S_2F_2）、二氟化硫（SF_2）、氟化氢（HF）、三氟化铝（AIF_3）、十氟化二硫（S_2F_{10}）、十氟化二硫一氧（$S_2F_{10}O$）等。因此，必须对 SF_6 气体的运输、使用、储存和报废进行严格管理。

1. SF_6 新气要求

SF_6 新气体应具有制造厂名称、灌装日期、气体净重、批号等基本信息，必须有满足国家标准项目要求的质量检验单，否则不准使用。在新瓶内存放时间超过半年以上的 SF_6 气体，使用前应按比例再次进行抽检，符合标准后方准使用。

2. SF_6 气体钢瓶要求

SF_6 气体钢瓶储存场所应远离热源和油污的地方，要求通风良好、防潮、防暴晒。钢瓶阀门要拧紧，阀门上不得有水分和油污。气瓶的密封性需要经常检测，钢瓶的安全帽可以有效防止阀门等磕碰损坏，因此一定不能缺少，且需要拧紧。SF_6 气体钢瓶防震圈应齐全，存放气瓶应竖立排放，标志向外，搬运时轻装轻卸，严禁抛滑。未经检验的 SF_6 新气气瓶和已检验合格的气体气瓶应分开存放，不得混淆。

3. 人员操作要求

接触 SF_6 气体设备的运行维护、检修试验等工作的操作人员，需要接受安全防护教育和有关培训后方可正式上岗。操作人员从钢瓶中引出 SF_6 气体时，必须用减压阀降压，防止高压气体喷出伤人，操作环境应当通风良好，如果在室内则需要有泄漏监测装置。使用过的 SF_6 气体钢瓶应关紧阀门，戴上瓶帽，防止剩余气体泄露。新气的生产过程中，可能存在一定量的毒性化合物，虽然低于国家标准，但是仍然存在对人体的危害可能性。因此，作业人员在使用 SF_6 新气的过程中，仍然要采取安全防护措施。

四、SF_6 气体分析试验人员安全防护

SF_6 气体分析实验室需要配备良好的通风换气设施，气体相关实验项目在通风柜内进行，如果有废气产生，目前企业标准要求从排气口直接引出实验室。有条件的实验室

可以增加尾气净化装置，如果排出量特别大，不建议直排，应当进行收集统一报废处理。现场作业则需要配备回收装置。

SF_6 气体的分析试验工作人员应配备安全防护用品，在事故诊断时，根据试验条件选择使用。主要的安全防护用品包括专用防护服、手套、防护眼镜、防毒面具、氧气呼吸器、防护脂等。安全防护用品应统一存放，专人保管，定期检测。储存地点应当保持清洁、干燥、阴凉，并定期维护。状态安全防护用品的种类、质量应当必须符合国家有关规定，按照规范使用。试验人员佩戴氧气呼吸器和防毒面具进行工作时，还需要专门的安全监护人员进行监护，以防出现意外事故。凡使用氧气呼吸器和防毒面具的人员每年需要进行体格检查，尤其是要检查心脏和肺功能，功能不正常者不能使用上述用品。所有 SF_6 气体分析从业人员需要有相应的行业、国家认定的资质，熟悉实验相关安全要求，掌握气瓶、安全防护用品的安全使用，实习人员需要在有资质的分析人员监护下进行培训操作。实验室应当配备常见的 SF_6 气体分析试验人员安全防护用品（见表6-8），设置专用保管人员，使用前检查防护用品状况，已报废的防护用品应当先进行无害处理后报废。

表6-8　　　　　　　　　　常见安全防护用品一览表

序号	名称	图示	要求
1	塑胶工作手套	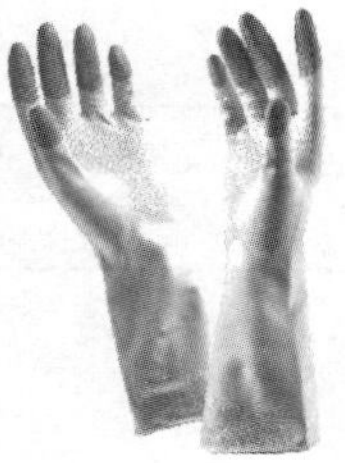	耐酸碱手套，应能于45℃在硫酸中（密度1.32）或烧碱溶液中（密度1.19）使用
2	塑胶鞋		防酸碱鞋（靴），用于地面有酸碱及其他腐蚀液如酸碱飞溅的作业场所，防酸碱鞋（靴）的底和皮要有良好的耐酸碱性能和抗渗透性能
3	防护服		全封闭式：抗化学品渗透、阻燃、抗汽油、耐老化、抗渗水、耐寒等性能，可用于空气呼吸器及氧气呼吸器配套使用，防酸碱及各种毒气

序号	名称	图示	要求
4	防毒面具		分为全面具和半面具，全面具又分为正压式和负压式，根据需求正确的选择防毒面具
5	氧气呼吸器		中等劳动强度选用定量供氧型。劳动强度大时选用自动补给供氧型。当气囊中聚集废气过多而需要清除或自动补给供氧也不能满足需要或发生故障时，可以采用手动补给供氧
要求		塑胶工作手套、鞋和防护服使用后彻底清洗，可先浸入5%的NaOH溶液30min，然后清水冲洗、晾干，撒滑石粉保存，每年检查不低于两次	

五、SF_6 气体的净化、回收与报废

（一）有害杂质的吸附

运行中的 SF_6 设备一般配有吸附剂，可以吸附 SF_6 气体中的水分和分解产物。常用的吸附剂主要是分子筛和氧化铝。需要注意的是，吸附剂本身也需要经过处理后严格报废流程，避免二次污染。

（二）回收与重复使用

六氟化硫气体回收，是目前 SF_6 减排工作的重点。常说的回收即将报废的 SF_6 气体进行净化处理，然后循环再利用。主要流程是使用专门的回收装置将 SF_6 绝缘电气设备中的 SF_6 气体从设备中抽取压缩到储气罐或钢瓶中。然后再利用净化处理装置将气体中的杂质成分从 SF_6 气体中剔除。经过反复处理后，检测提纯 SF_6 气体中的纯度、含水量、含油量等指标，如果达到国家标准，则可将这些符合相关标准的 SF_6 气体重新充入设备中使用。按照我国现有的规程、条例，净化处理后的 SF_6 气体质量必须符合 GB/T 12022《工业六氟化硫》标准的要求。

由于 SF_6 气体容易液化，因此目前均采用液态回收，主要有冷冻液化法和高压液化法两类原理。气体的回收应使用符合要求的气体回收处理装置且符合 DL/T 662—2009《六氟化硫气体回收装置技术条件》要求。

（三）报废

一般来讲，作为惰性气体的 SF_6 很难通过分解、吸附等方法进行报废处理，回收后提纯重新利用是报废 SF_6 气体目前最重要也最为合适的处理方式。

对于回收后净化分离出来的 SF_6 气体内的杂质，不得排入大气中，必须要进行集中交由有资质的单位进行报废处理。一旦这些气体杂质泄漏到大气中，很难进行搜集后处理。这些含氟化合物，通常采用物理吸附、焚烧、化学分解等方式进行无毒化处理。

此外，鉴于 SF_6 分解难度大，低成本无害化处理方法欠缺，一旦生产只能采取回收重复利用的方式。目前最有效的 SF_6 环保问题解决方案为：首先，对于已经使用中的 SF_6 保持跟踪，防止其最终排放到大气当中；其次在绝缘替代物的上多做研究工作；最后，尽量抛弃 GIS、H-GIS 等 SF_6 绝缘设备的应用。

参 考 文 献

［1］唐炬，杨东，曾福平，等．基于分解组分分析的 SF$_6$ 设备绝缘故障诊断方法与技术的研究现状 ［J］．电工技术学报，2016，31（20）：41-54.

［2］张晓星，姚尧，唐炬，等．SF$_6$ 放电分解气体组分分析的现状和发展 ［J］．高电压技术，2008，34（4）：664-669.

［3］张力，付莉．六氟化硫气体湿度测量 ［J］．四川电力技术，2003，（3）25-28.

［4］肖华，刘圣辉．一起 220kV GIS 内部微粒放电引起母线跳闸的原因分析 ［J］．电气应用，2015，34（9）76-78.

［5］孟玉婵，朱芳菲．电气设备用六氟化硫的检测与监督 ［M］．北京：中国电力出版社，2008.

［6］余成波，等．电气设备绝缘在线监测 ［M］．北京，清华大学出版社，2013.

［7］操敦奎，等．变压器油色谱分析与故障诊断 ［M］．北京，中国电力出版社，2010.

［8］秦司晨．变压器油中溶解气体在线监测装置校验方法的探讨 ［J］．陕西电力，2014，42（5）：88-90.